Auto CAD 室内和景观施工图
项目式教学实训教程

主 编 蒋国良

东南大学出版社
·南京·

图书在版编目(CIP)数据

Auto CAD室内和景观施工图项目式教学实训教程/
蒋国良主编. —南京：东南大学出版社,2014.11
ISBN 978-7-5641-5351-9

Ⅰ.①A… Ⅱ.①蒋… Ⅲ.①室内装饰设计—计算机辅
助设计—Auto CAD 软件—高等学校—教材②景观设计—计
算机辅助设计—Auto CAD 软件—高等学校—教材
Ⅳ.①TU238-39②TU986.2-39

中国版本图书馆 CIP 数据核字(2014)第 273804 号

出版发行：东南大学出版社
社　　址：南京四牌楼 2 号　邮编：210096
出 版 人：江建中
责任编辑：史建农
网　　址：http://www.seupress.com
经　　销：全国各地新华书店
印　　刷：南京京新印刷厂
开　　本：787mm×1092mm　1/16
印　　张：9.75
字　　数：237 千字
版　　次：2014 年 11 月第 1 版
印　　次：2014 年 11 月第 1 次印刷
书　　号：ISBN 978-7-5641-5351-9
定　　价：25.00 元

本社图书若有印装质量问题,请直接与营销部联系。电话:025-83791830

总　序

　　现代艺术教育在我国已逾四十个年头,融入了国家经济强势发展,社会结构转型大背景下产生的现代产业中。而近十年来,作为高等教育重要组成部分的高等职业教育呈现蓬勃向上、迅速扩展之势,一统高等教育的半壁江山,正在逐步自成体系。其中艺术设计专业因其专业的适应性强、市场需求大、就业形势好而在全国各高职院校中遍地开花,招生规模已远胜于本科类院校。经多年打拼和磨合,高等职业艺术设计教育的办学特色、办学规模、人才培养质量等已初步凸现。

　　另一方面,这种跳跃、超常规的发展,难免会显露出一定的盲目性和急功近利的色彩,与科学发展观不相适应的一些弊端日渐明显。如人才培养定位不清,课程体系近乎无序,教材建设令人堪忧,教学手段单一,内容陈旧,缺少应有的深度和广度,也缺少相互的衔接与联系。因此人们逐渐意识到,在把"蛋糕"做大的过程中,我们是否少了一些冷静的思考和理智的心态:一味追求数量和规模,而忽视了对人才培养质量的提升必将后患无穷。随着第一轮全国高校人才培养水平评估工作的结束,大家更自觉也更清醒地看到高职院校面临的无比艰巨的任务,很多事情光有认识还不够,还应有务实的精神和不畏艰难的勇气,不断加强内涵建设,夯实基础,提升竞争力,才能使高职艺术设计教育得到健康的发展。

　　我国的设计艺术起步较晚,艺术设计教育也很年轻,且长期处于一种模仿和经验型的状态。艺术设计专业涵盖平面、立体、空间、数字媒体等各种视觉系统的十多个类别,涉及材料、技术、工艺、科技、艺术等多个领域,知识面广,综合性强。怎么教,教什么,高职教育和本科教育有何区别和侧重,现代主义的"包豪斯"和后现代主义设计还有多少可资鉴赏的价值,课程体系如何体现学生的职业岗位能力,教学内容与知识体系如何应对行业与市场的发展等等,诸多问题一直困扰着我们。因此,我们要拓展生存和发展空间,使高职艺术设计教育的发展渐入佳境,朝既快又好的目标迈进。

　　应该看到,高职艺术设计教育的建设与改革是一个庞杂的系统,且环环相扣,其中人才培养目标是艺术设计教育的灵魂,它既是一切教学活动的出发点,也是人们判断学生质量和评价教学水平的依据,它决定了人才培养模式的构架,即职业的指向性。应针对不同行业和岗位对艺术设计人才的能力和知识需求来设置课程体系和教材体系等。并印证国家的职业教育方针和政策,即以就业为导向,以能力为本位,以专业建设为龙头,突出"应用型"和"职业性",强调以能力培养为中心,在课程建设和教材建设中突出能力培养的主线。理论知识和实践技能并重,把实训内容作为重要的教学环节加以实施,逐步形成"模块化"组合与"实践型"课程体系以及教材特色。这种能力应是一种多指向综合能力,也体现了艺术教育的基本目标,即认识目标、审美目标、情意目标、技术目标和创造目标。

　　基于这样的共识,东南大学出版社史建农编辑相约以我院教师为主体,编辑出版一套针对性强、特色鲜明的高职艺术设计教育系列教材,经一年多的磋商与探讨,我们为这套系列教材做出了如下构想和定位。

系列教材编写的指导思想是遵循高职艺术设计教育的基本规律,释放人文、综合、开放和现代的艺术教育新理念,采用单元制教学的体例架构,贴近生活,贴近社会,充分体现职业能力培养的价值取向,全面提升学生的素质和核心竞争力,并突出以下特点:

一是系统性,即按照艺术设计理论教育与实践教育并重、相互渗透的原则,将基础知识、专业知识合理地组合成专业技术知识体系。

二是实用性,即理论教学内容符合应用型人才培养要求,不过多强调高深的理论知识,体现"够用为度"的原则,把侧重点放在手动操作环节上。在教学中,把各种岗位能力要求,以深入浅出的方式逐个予以详细介绍。

三是实时性,即注重教材的时效性,以能反映最新的设计理念、行业资讯、项目实例、市场动向为要求,为学生提供更多有前瞻性的信息。

无锡工艺职业技术学院是以艺术设计教育为重点的高等职业学院,几十年的教育实践曲曲折折,也有过彷徨和迷茫,但没有停止过思考,在思考中梳理思路,大胆践行,形成一定的积累和认识。即将陆续推出的高职高专艺术设计教育系列教材,既是我院教师思考和积累的结果,也是我们试图通过对以往一些教材和教学研究成果进行整合,构建一套与新形势下人才培养目标和要求相适应的教材体系的新尝试。在知识和技术高速更新的时代,要把最新、最实用、最有价值的理论知识和实践技能传授给学生,本身是一件困难重重的事情。我们期望在给学生带来一点启发和帮助的同时,也请教育界、企业界的专家和朋友不吝赐教,使我们尽可能地实现预期目标,共同为高职艺术设计教育的健康与和谐发展添新。

同时,笔者对为编写这套系列教材辛勤付出的各位作者和东南大学出版社史建农编辑的鼎力相助表示诚挚的谢意。

徐 南

2014 年 8 月 1 日于溪隐小筑

前　言

目前,计算机辅助设计(CAD)与室内装修、景观施工紧密结合在一起,并成为一个热门领域,是否掌握 CAD 技术也成为室内外设计人员业务能力的标准之一。本书希望把国际最新的计算机辅助绘图和设计软件进行推广,以改变以往的手工设计流程,适应当今室内外设计行业的发展。

Auto CAD 是当今在室内、景观设计领域最流行的绘图软件,Auto CAD 2012 是 Autodesk 公司最新推出的 CAD 版本,它在继承了以前版本优点的基础上,又增加了许多新功能(特别是在提高设计效率和增强网络功能方面),从而为设计师营造了条例更清晰的智能化设计环境,充分激发了设计人员的创造源泉。

本书以 Auto CAD 2012 软件为版本,结合目前高职院校提高教学质量、加强内涵建设的改革思路,引入项目式教学模式,以项目为载体,提高学生的动手能力。通过讲解几个项目实例,使读者能够掌握绘制二维室内、景观设计施工图的技巧。

本书主要内容包括:

项目训练一:介绍了 Auto CAD 的基础知识。主要分几个模块:工作界面、二维绘图命令、二维修改命令等。

项目训练二:介绍了别墅平面施工图的绘制步骤和方法。主要分三个模块:别墅平面框架图的绘制、别墅地面施工图的绘制、别墅尺寸标注。

项目训练三:介绍了别墅立面施工图的绘制步骤和方法。主要分两个模块:客厅电视背景墙立面施工图的绘制及尺寸标注。

项目训练四:介绍了景观亭施工图的绘制步骤及方法。主要分三个模块:景观亭平面施工图的绘制、景观亭顶面施工图的绘制、景观亭立面施工图的绘制。

本书编者多年从事 Auto CAD 课程教学,对应用 Auto CAD 软件绘制室内、景观施工图的方法有一些独到的见解。希望初学者通过本书的学习,能提高自己运用 Auto CAD 绘制施工图的能力。

蒋国良

2014 年 8 月

目 录

项目训练一

Auto CAD 软件的认知与操作

第一部分 目标任务及活动设计

一、教学目标

最终目标：熟悉 Auto CAD 软件的基本情况，掌握其在室内施工图绘制中的运用。

促成目标：1. 熟悉 Auto CAD 软件的发展概况和应用范围。

2. 熟悉 Auto CAD 软件具体的界面组成和操作方法。

3. 掌握命令栏的输入方法。

4. 掌握绘图环境的详细设置：绘图区域、尺寸、捕捉等的设置。

5. 掌握二维绘图命令、二维编辑命令的使用。

二、工作任务

1. 熟悉软件的界面组成，了解软件辅助绘图的强大功能。

2. 掌握命令栏的输入方法。

3. 熟练设置绘图环境：绘图区域、捕捉设置等。

4. 掌握二维绘图和修改命令。

三、活动设计

1. 活动内容：熟悉 Auto CAD 软件的基本情况，熟练进行绘图环境的设置。

2. 活动组织

序号	活动项目	具体实施	课时	课程资源
1	多媒体演示 Auto CAD 软件的基本组成及各部分操作要点	以多媒体演示的形式让学生快速、直观地接受和理解 Auto CAD 软件的基本组成情况，掌握命令栏的输入方法	1	
2	多媒体演示绘图环境的设置	教师以多媒体形式演示具体的绘图环境的设置步骤和方法，学生跟着操作，要求运用快捷键	1	
3	多媒体演示坐标输入方法，命令操作	教师以多媒体演示坐标输入的方法和步骤，以及命令的使用，学生跟着操作	1	

1

3. 活动评价

评价内容	评 价 标 准			
	优秀	良好	合格	不合格
绘图环境的设置和坐标输入方法	熟练并快速进行绘图环境的设置：绘图区域、捕捉、屏幕显示等，掌握文件的操作方法，能熟练使用快捷键	熟练进行绘图环境的设置：绘图区域、捕捉、屏幕显示等，掌握文件的操作方法，能使用快捷键	能进行绘图环境的设置：绘图区域、捕捉、屏幕显示等，掌握文件的操作方法，基本能使用快捷键	绘图环境的设置不熟练，未掌握文件的操作方法，不能使用快捷键

四、主要实践知识

1. AutoCAD 软件的界面操作。
2. 命令栏的输入方法。
3. 绘图环境的设置：绘图区域、捕捉、屏幕显示等。
4. 二维绘图命令、二维修改命令。
5. 坐标输入的方法。

五、主要理论知识

1. 软件操作的技巧方法与步骤。
2. 命令输入的重要性和步骤。

第二部分　项目内容

模块一　AutoCAD 的工作界面

AutoCAD 软件为用户提供了"草图与注释"、"AutoCAD 经典"、"三维基础"和"三维建模" 4 种工作空间模式。对于习惯使用 AutoCAD 传统界面的用户来说，可以采用"AutoCAD 经典"工作空间。"草图与注释"的界面与以前版本相比有了很大的变化，增加了很多菜单。"AutoCAD 经典"的界面与以前版本基本相同，主要由菜单栏、工具栏、绘图窗口、文本窗口与命令行、状态栏、面板等元素组成。如图 1-1、图 1-2 所示。

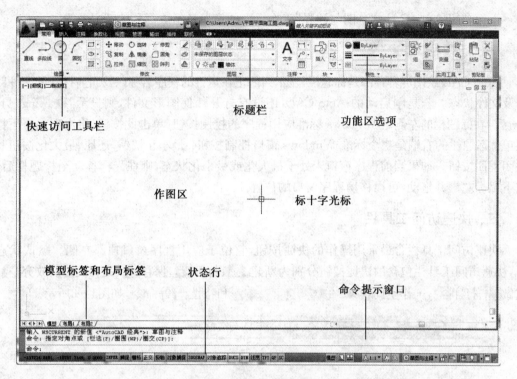

快速访问工具栏

标题栏

功能区选项

作图区

标十字光标

模型标签和布局标签

状态行

命令提示窗口

图1-1 Auto CAD"草图与注释"工作界面

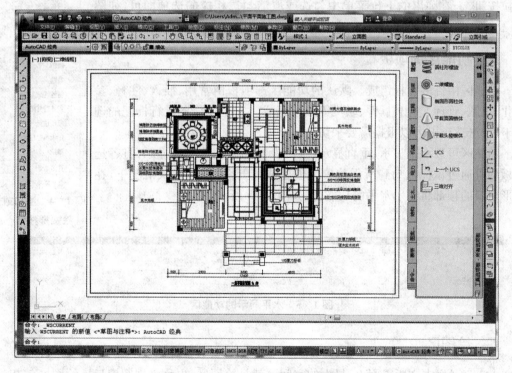

图1-2 "Auto CAD经典"工作界面

下面介绍 Auto CAD "草图与注释"工作界面的窗口各组成部分的基本功能。

一、标题栏

Auto CAD 绘图屏幕顶部是标题栏,显示当前正在运行的程序名称以及当前打开的文件路径及文件状态。若是刚启动的 Auto CAD,还没有打开任何图形文件,则显示"Drawing－1. dwg"。在标题栏的左侧是 Windows 标准应用程序的控制按钮,单击此按钮,将出现一个下拉菜单。标题栏的右端是三个标准 Windows 窗口控制按钮:最小化按钮,还原、最大化按钮和关闭程序按钮。如果当前程序窗口未处于最大化或最小化状态,则在光标移动至标题栏后,按下鼠标左键并拖动,可以移动程序窗口的位置。

二、快速访问工具栏

快速访问工具栏含最常用操作的快捷按钮,它位于应用程序窗口顶部左侧。默认状态下,快速访问工具栏包含的快捷按钮分别为新建 、打开 、保存 、另存为 、放弃 、重做 、打印 、工作空间 草图与注释 和特性 等命令,如图1－3所示。

图1－3 快速访问工具栏

如果想在快速访问工具栏中添加或删除快捷按钮,可以单击其右侧的下拉按钮 ,在弹出的下拉菜单中勾选或取消勾选相应的选项即可,如图1－4所示。

三、功能区选项板

功能区由许多面板组成。默认的功能区选项板由常用、插入、注释、参数化、视图、管理、输出、插件、联机等面板组成。它是以任务进行标记的选项卡,单击选项卡可以根据需要来切换。

功能区可以水平显示、垂直显示,也可设置为浮动选项板显示,且各选项板均可通过鼠标拖动到所需位置。创建或打开图形时,默认情况下,在图形窗口的顶部将显示水平的功能区,如图1－5所示。

图1－4 添加或删除快捷按钮

图1－5 水平显示的功能区

四、绘图区

Auto CAD 中文版界面上,最大的空间区就是绘图区,也称为视图窗口。绘图区就相当于手工绘图时的图纸,用户只能在绘图区绘制图形。绘图区就是用户的工作窗口,用户所做的一切工作均要反映在该窗口中。基于计算机的特点,绘图区域可以随意拓展,在屏幕上可以通过缩放工具轻松控制显示图形的部分或全部。其默认的背景颜色是黑色,用户可以改变它的颜色。

五、十字光标

作图区内的两条正交线叫十字光标,移动鼠标或键盘上的箭头键可以改变十字光标的位置,十字光标的交点代表当前的位置。十字光标就相当于手工绘图时的笔,可以在绘图区根据绘图命令绘制图形。在绘图时,十字光标显示为十字形"+"。在编辑对象时,十字光标显示为拾取框"□"。如图1-6所示。

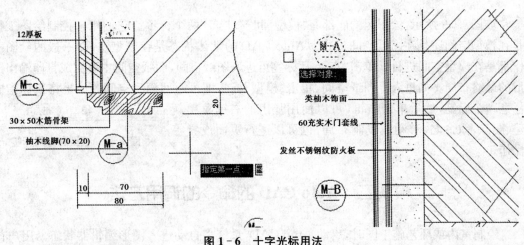

图1-6 十字光标用法

六、命令提示窗口

命令提示窗口用来显示用户输入的命令,它在绘图区下方,可直接显示用户使用键盘输入的各种命令,也可以显示出操作过程中的各种信息和提示。默认状态下,命令行显示所执行的最后三行命令或提示信息。

如图1-7所示,调用命令以后,Auto CAD在此显示该命令的提示,提示用户下一步该做什么。初学者一定要根据此处的提示进行操作。因为Auto CAD的许多命令都有几个子功能,每一个子功能又要分几步操作才能完成,初学者难以全面把握,此窗口显示的提示是一个很好的向导,用户要特别重视。随着操作者对命令运用能力的不断提高,应该逐渐减少对提示的依赖性。

图1-7 命令提示窗口

七、状态栏

状态栏在Auto CAD屏幕的最下面。状态栏的最左边自动显示十字光标中心的坐标,用鼠标移动十字光标将看到坐标不断地变化。Auto CAD将状态栏的各个功能按钮由文字改为图形。在状态栏中单击右键,将弹出快捷菜单,快捷菜单中的各选项若被勾选则表示在状态栏显示,否则不显示。可以通过选择快捷菜单上的选项来选择命令。

状态栏的右边是几个功能按钮,单击功能按钮使其凹下,表示调用了该按钮对应的功能,如模型与布局空间的切换,是否锁定浮动工具栏、浮动窗口,是否隔离对象等。单击功能按钮使其凸起,则表示该功能被关闭。如图1-8所示。

图1-8 状态栏

八、模型标签和布局标签

如图1-9所示,绘图区的底部有"模型"和"布局1"两个标签。它们用来控制绘图工作是在模型空间还是在图纸空间进行。Auto CAD的默认状态是在模型空间,一般的绘图工作都是在模型空间进行。单击"布局1"标签可进入图纸空间,图纸空间主要完成打印输出图形的最终布局。如进入了图纸空间,单击"模型"标签即可返回模型空间。如果将鼠标指向任意一个标签,然后单击右键,可以使用弹出的右键菜单新建、删除、重命名、移动或复制布局,也可以进行页面设置等操作。

图1-9 模型和布局标签

模块二 Auto CAD 的命令的调用方法

绘制室内或环艺施工图时,启动 Auto CAD,系统将自动进入图形编辑器状态。用户首先碰到的问题是如何调用命令进行绘图,Auto CAD 为用户提供了几种命令调用的方法,用户只要在开始绘图时向系统发出命令并给予与此相关的一些数据及信息就可以作图了。在 Auto CAD 中,可用以下几种方法向系统输入命令。

一、图形按钮输入

如图1-10所示,启动 Auto CAD 后,在功能区选项板中有分类放置的绘图按钮,对一些常用的命令,用户可以通过直接单击所需的图形按钮来选取。例如,要执行画直线的命令,可单击常用面板中的直线按钮 ╱。一般来说,用这种方法执行命令直观有效。

图1-10 常用图形按钮

二、菜单命令输入

如图1-11所示,用户将鼠标指针移至需要操作的菜单上,然后单击左键,在弹出的下拉菜单中单击所需的选项,这样逐级展开直至最后的命令级。

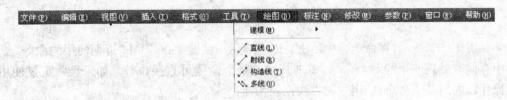

图 1-11　菜单命令输入

三、键盘命令输入

在屏幕最底部的命令窗口中的"命令:"提示之后直接键入命令名,将出现一个快捷菜单,点击所需命令,然后按"空格"键或"回车"键即可,如图 1-12 所示。

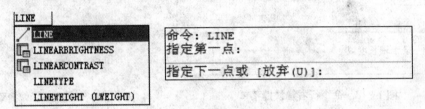

图 1-12　键盘命令输入

在 Auto CAD 中,为便于用户使用,对某些常用命令系统已指定了缩写的别名,在用键盘命令输入时只需输入这些指定的别名即可。常用命令别名如表 1-1 所示。

表 1-1　常用命令别名表

别　名	命　令	别　名	命　令
A	圆弧	C	圆
CP	复制	DI	距离
E	删除	L	线
LA	图层	LT	线型
M	移动	P	平移
PL	多段线	H	图案填充
R	重画	T	多行文本
Z	缩放	F	圆角

在 Auto CAD 的命令调用中,有两个概念需要特别介绍。

1. 重复命令

重复命令是指下一个需要执行的命令与上一个命令是一样的。Auto CAD 中规定,只要按"空格"键或"回车"键,即可重复上一命令,在执行命令时会跳过某些正常提示而采用缺省值。

2. 透明命令

透明命令是指在执行某个命令时中间插入执行的另一个命令。

四、在命令行打开右键快捷菜单

如图1-13所示,在命令行中单击右键可显示出快捷菜单,其中"近期使用的命令"子菜单中存储着最近使用的6个命令,单击其中的某个命令可直接执行。如果经常重复使用6次操作以内的某个命令,应用这种方法比较快捷。

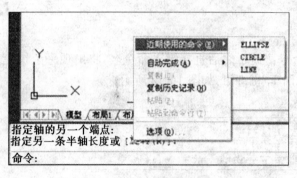

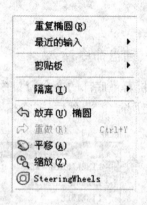

图1-13　命令行右键快捷菜单　　　　　图1-14　绘图区右键快捷菜单

五、在绘图区单击鼠标右键

如果用户要重复使用上次使用的命令,可以直接在绘图区单击鼠标右键,系统会立即重复执行上次使用的命令,这种方法适用于重复执行某个命令,如图1-14所示。

模块三　设置绘图环境及精确绘图

在学习用Auto CAD绘图的过程中,初学者往往一开始就直接在作图窗口进行绘图,不经过任何设置。当图形数据太大或绘图不精确时就会出现错误。这是初学者的一个通病。因此,设置绘图环境及如何设置捕捉来精确绘图是初学者应该掌握的内容。下面介绍绘图环境及精确绘图。

一、设置图形界限

设置图形界限即设置绘图区域的大小。一张环艺或室内施工图如果按实际尺寸画,在默认图纸上是画不下的(默认的图纸一般为A4纸的大小),因此需要设置一个比实际施工图尺寸更大的图纸范围才能绘图,所以必须设置绘图环境。

具体操作为:

在命令行输入"limits",再按"Enter"键,命令行提示如下:

命令:LIMITS

重新设置模型空间界限:

　指定左下角点或[开(ON)/关(OFF)]<0,0>:

此时,我们不需要指定数字,直接回车即可,因为这个是坐标的原点;在命令提示"指定右上角点 <420,297>:"时,我们可以输入图纸的大小,再按"Enter"键,完成图形界限的设置。

当图形界限设置完毕后,还需在"二维导航"面板中单击"全部缩放"按钮 🔍 全部,把整个图形全部显示出来。

二、设置绘图单位

环艺或室内施工图一般都是以毫米为单位,所以在作图前,必须设置绘图单位,具体操作如下:

先点击界面左上方的"应用程序菜单"按钮,在下拉菜单中选择"图形实用工具"选项,再单击"单位"选项(或在命令行输入"units",再按"回车"键),如图 1-15 所示。此时会弹出"图形单位"对话框,如图 1-16 所示。

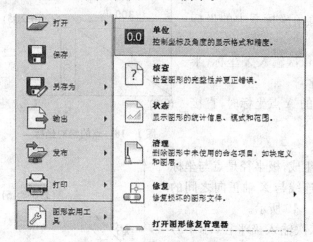

图 1-15 选择"单位"选项

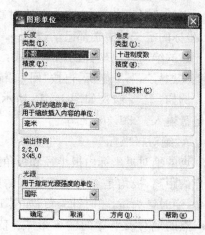

图 1-16 "图形单位"对话框

"图形单位"对话框中包括长度、角度、缩放单位、输出样例、光源 5 个选项组。在"长度"选项组"类型"下拉列表框中选择"小数","精度"列表框中选择"0"。其余选项组按默认即可。单击"确定"按钮完成绘图单位的设置。

三、坐标系与坐标

在手工画图时,我们用丁字尺和三角板进行定位和度量。用 Auto CAD 画图时,可以通过输入点的坐标定位。系统自动建立的平面坐标系如图 1-17 所示。此坐标系称为世界坐标系,简称 WCS。该坐标系的 X 轴正方向水平向右,Y 轴正方向垂直向上。由于该坐标的 X、Y 轴方向固定不变,因此该坐标系又称为绝对直角坐标。

在绘制图形时,Auto CAD 是通过坐标系来确定一个图元在空间中的位置的坐标系统,主要分为绝对直角坐标、绝对极坐标和相对直角坐标、相对极坐标 4 种。

当用户以绝对坐标的形式输入一个点时,可以采用直角坐标和极坐标两种形式表示。

绝对直角坐标即输入点的 X 值和 Y 值,坐标间用逗号

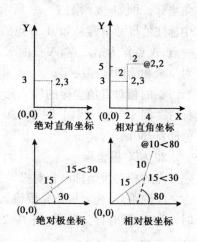

图 1-17 坐标系统

9

隔开。

相对直角坐标指相对前一点的直角坐标值,其表达方式是在绝对坐标表达式前加一个"@"号。

绝对极坐标是输入该点距坐标系原点的距离以及这两点的连线与X轴正方向的夹角(以逆时针为正),中间用"<"号隔开。

相对极坐标指相对于前一点的极坐标值,表达方式也为在极坐标表达式前加一"@"号。

(一)点的绝对坐标

点的绝对坐标分为绝对直角坐标和绝对极坐标。

1. 绝对直角坐标

点的绝对直角坐标是点在绝对直角坐标系中的坐标值,坐标的定义在中学都已学过。

点的绝对直角坐标的输入形式:依次输入X坐标,半角英文逗号",",Y坐标,再按"回车"键。

例如:需要输入如图1-18所示的A点坐标时,直接从键盘输入:230,205回车。

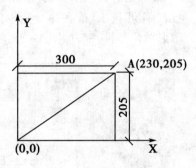

图1-18　点的绝对坐标

2. 绝对极坐标

点的绝对极坐标由极半径和极角组成,极半径是点与坐标原点的距离,极角是点与坐标原点的连线与X轴正向之间的夹角,逆时针为正,顺时针为负,如图1-19所示。

点的绝对极坐标的输入形式:依次输入极半径,小于号"<",极角,再按"回车"键。如需要输入如图1-19所示的A点时,直接从键盘键入:350<45回车。

(二)点的相对坐标

点的相对坐标分为相对直角坐标和相对极坐标。

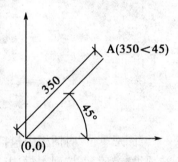

图1-19　点的绝对极坐标

1. 相对直角坐标

要输入的点与上一个输入点之间的绝对直角坐标的坐标之差,称为要输入点的相对直角坐标。例如,要画图1-20所示的线段AB,若以A点作为第一点,B点作为第二点,由图中标注的尺寸很容易知道,B点的X相对坐标是80,Y相对坐标是-80;如果以B点作为第一点,A点作为第二点,A点的X相对坐标是-80,Y相对坐标是80。相对坐标由两点的相对位置和绘图顺序决定。

点的相对直角坐标的输入形式:输入"@",X相对坐标,半角英文逗号",",Y相对坐标,按"回车"键。例如,图1-20中的B点相对于A点的相对直角坐标值的输入形式为:@80,-80回车。

2. 相对极坐标

点的相对极坐标由相对极半径和相对极角组成,相对极半径是要输入的点与上一输入点之间的距离,相对极角是要输入的点与上一输入点之间的连线与X轴正向之间的夹角,逆时针为正,顺时针为负,如图1-20所示。

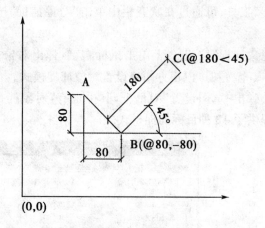

图 1-20　点的相对直角坐标和相对极坐标

相对极坐标的输入形式：@相对极半径＜相对极角

例如，要输入图 1-20 中的 C 点相对于 B 点的相对极坐标，可直接从键盘键入：@180＜45 回车。

四、辅助绘图工具操作

一般来说，确定点的坐标可采用两种方法来实现：一种方法是键盘输入某点的坐标值，这种方法定位准确，但效率低；另一种方法是通过光标移动来拾取坐标点，这种方法直观高效，但要精确定位已给定坐标值很难。例如，要把光标定位在(100,50)位置上，光标不是移动到(99.867 5,49.576 3)就是移动到(100.211 2,50.115 2)。为了使坐标点的光标拾取有实用价值，必须有一些辅助的光标定义方法，Auto ACD 提供的正交、栅格和捕捉方法正是用于这个目的。

1. 正交功能

在用 Auto CAD 绘图的过程中，经常需要绘制水平直线和垂直直线，但是当用鼠标拾取线段的端点时很难保证两点连线严格平行于水平方向或垂直方向。为此 Auto CAD 提供了正交功能，当启用正交模式时，画线或移动对象时，只能沿水平方向或垂直方向移动光标，因此只能画出平行于坐标轴的正交线段。

执行正交功能有三种形式：① 单击状态中的"正交"按钮；② 在命令行中键入"ortho"；③ 在键盘上按功能键＜F8＞。

通过单击"正交"按钮或＜F8＞功能键可以进行正交功能打开与关闭的切换，正交模式不能控制键盘输入点的位置，只能控制鼠标拾取点的方位，如图 1-21 所示。

2. 对象捕捉

利用 Auto CAD 绘制施工图时，经常要用到一些特殊的点，如端点、中点、圆心、切点、线段等，如果用鼠标拾取，要准确地找到这些点是十分困难的，为此，Auto CAD 提供了对象捕捉工具，可以迅速、准确地捕捉到这些特殊点，从而提高了绘图的速度和精度。

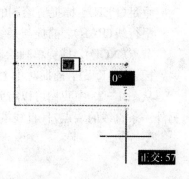

图 1-21　正交模式绘图

11

若要打开"对象捕捉"工具,可通过在状态栏中单击"对象捕捉"按钮或在键盘上按功能键 <F3> 来实现。

具体操作可以在"对象捕捉"按钮□上单击鼠标右键,弹出对象捕捉快捷按钮菜单(如图1-22(a)所示),点击某个按钮可以很方便地设置对象捕捉模式。在对象捕捉快捷按钮菜单中单击"设置"选项,会弹出"草图设置"对话框,其中也有"对象捕捉"的设置,如图1-22(b)所示。Auto CAD 提供了 13 种目标捕捉模式。

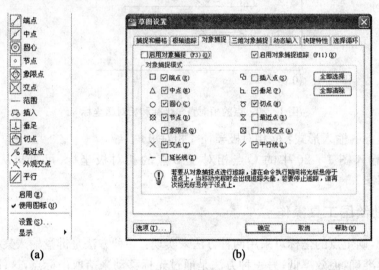

(a)　　　　　　　　　　　　　**(b)**

图1-22　对象捕捉的设置

具体捕捉内容如下:

端点(END):捕捉直线段或圆弧等对象的端点。

中点(MID):捕捉直线段或圆弧等对象的中点。

交点(INT):捕捉直线段或圆弧等对象之间的交点。

外观交点(APPINT):捕捉在二维图形中看上去是交点,而在三维图形中并不相交的点。

延长线(EXT):捕捉对象延长线上的点。

圆心(CEN):捕捉圆或圆弧的圆心。

象限点(QUA):捕捉圆或圆弧的最近象限点。

切点(TAN):捕捉所绘制的圆或圆弧上的切点。

垂足(PER):捕捉所绘制的线段与其他线段的正交点。

平行线(PAR):捕捉与某线平行的点。

节点(NOD):捕捉单独绘制的点。

插入点(INS):捕捉对象上距光标中心最近的点。

从图1-23中我们可以看到,若打开"对象捕捉"工具,当我们绘制直线时,可以捕捉到另外一条直线的端点,且直线端点处会出现一个捕捉符号。

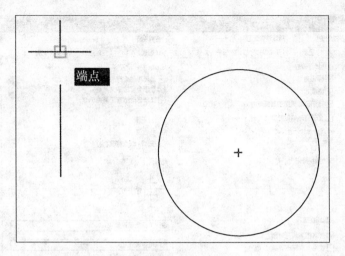

图 1 - 23 捕捉对象

3. 对象追踪

绘制施工图时,利用对象追踪可以方便地捕捉到绘图时所需的点,对象追踪包括"极轴追踪"和"对象捕捉追踪"两种方式。应用极轴追踪可以在设定的角度线上精确地移动光标和捕捉任意点,对象捕捉追踪是对象捕捉与极轴追踪功能的综合,也就是说可以通过指定对象点及指定角度线的延长线上的任意点来进行捕捉,并按照指定角度绘制对象,如图 1 - 24 所示。

图 1 - 24 极轴追踪的设置

单击选项,得到图 1 - 25 自动捕捉和自动追踪选项。

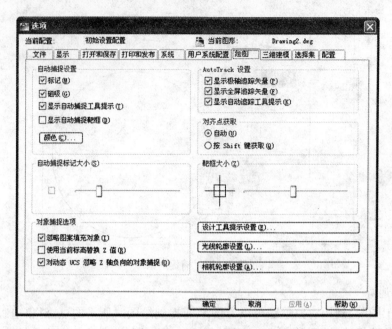

图1-25　自动捕捉与自动追踪

从图1-26中我们可以看到,当对象捕捉和对象追踪打开时,我们要画过直线上端点的平行线时,就可以方便地找准两个追踪虚线的交点画线。

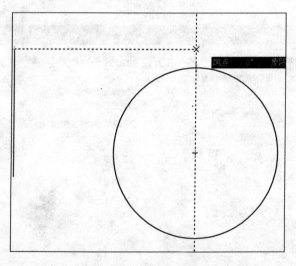

图1-26　利用追踪功能画线

4. 图形的显示控制

在绘制施工图时,常常需要对施工图进行放大、缩小或平移,对图形显示的控制主要包括实时缩放、范围缩放和平移操作。视图选项卡中的二维导航面板如图1-27所示。

(1)实时缩放:在Auto CAD作图窗口单击右键,出现快捷菜单,选择缩放按钮(如图1-28所示),此时鼠标显示为放大镜图标,按住鼠标左键向上拖动,图形显示放大;向下拖动,图形显示缩小。

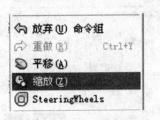

图 1 - 27　视图中的二维导航工具　　图 1 - 28　实时缩放快捷菜单

（2）平移图形：在 Auto CAD 作图窗口单击右键，出现快捷菜单，选择平移按钮（如图 1 - 28 所示），此时光标显示为一个小手，按住鼠标左键拖动即可实时平移图形。实时平移可以向任何方向移动图形，以便观察。

除了以上两种基本的图形显示操作外，还可以单击视图选项卡中二维导航面板中的范围按钮 后的小三角，会出现快捷菜单，可以选择其中的任何一个按钮进行操作，如图 1 - 29 所示。

范围：单击范围按钮 ，Auto CAD 会将当前窗口中的所有图形尽可能大地显示在屏幕上。

窗口：单击窗口按钮 ，Auto CAD 将指定矩形窗口中的图形，使其充满绘图区。

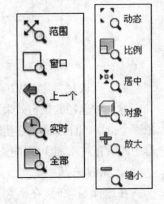

图 1 - 29　范围缩放快捷菜单

上一个：单击上一个按钮 ，当 Auto CAD 对视图进行缩放以后，需要使用前一个视图时，可选择此选项。

全部：单击全部按钮 ，Auto CAD 会在当前窗口中显示全部图形。

动态：单击动态按钮 ，Auto CAD 可对图形进行动态缩放。选择该选项后屏幕上将显示出几个不同颜色的方框，主要为观察框、图形扩展区、当前视区和生成图形区等，拖动鼠标移动当前视区到所需的位置，再单击鼠标左键，即可拖动鼠标缩放当前视区框，调整到适当大小后按下"Enter"键，即可将当前视区框内的图形缩放显示。

比例：单击比例按钮 ，Auto CAD 可根据输入的比例值缩放图形。有 3 种输入比例值的方式：直接输入数值，相对于图形界限进行缩放；在输入的比例值后面加上 X，表示相对于当前视图进行缩放；在输入比例值后面加上 XP，表示相对于图纸空间单位进行缩放。

居中缩放：单击居中按钮 ，Auto CAD 将以指定点为中心进行缩放，并需输入缩放倍数，缩放倍数可以使用绝对值或相对值。

对象缩放：单击对象按钮 ，选择一个图形对象后，Auto CAD 会将该对象及其内部的所有内容放大显示。

放大：单击放大按钮 ，Auto CAD 将放大图形。

缩小：单击缩小按钮 ，Auto CAD 将缩小图形。

五、选择对象

Auto CAD 提供了两种途径来编辑图形：

（1）先执行编辑命令，然后选择要编辑的对象，如图 1 - 30 所示。

15

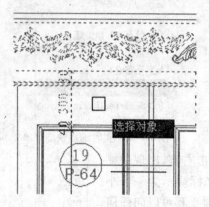

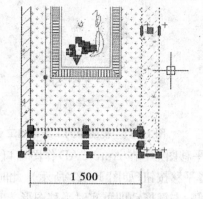

图1-30　先执行编辑命令　　　　　图1-31　先选择编辑对象

（2）先选择需要编辑的对象，然后执行编辑命令，如图1-31所示。

这两种途径的执行效果是相同的。在Auto CAD中，选择对象的方法很多，可以通过单击对象逐个拾取，也可以利用矩形窗口或交叉窗口选择，可以选择最近创建的对象、前面的选择集或图形中的所有对象，也可以向选择集中添加对象或删除对象。

1. 无效选择

在选择对象时，在命令行的"选择对象："提示下输入"？"，将显示如下的提示信息：

命令：select

选择对象：？

"无效选择"

需要点或窗口（W）/上一个（L）/窗交（C）/框（BOX）/全部（ALL）/栏选（F）/圈围（WP）/圈交（CP）/编组（G）/添加（A）/删除（R）/多个（M）/前一个（P）/放弃（U）/自动（AU）/单个（SI）/子对象（SU）/对象（O）

（1）默认情况下，可以直接选择对象。此时的十字光标变为一个小方框（拾取框），可以通过单击对象逐个拾取。

（2）"窗口（W）"选项：可以通过绘制一个矩形区来选择对象。选定了矩形窗口的两个对角点后，所有部分均在此矩形窗口内的对象将被选中，不在该窗口内或部分在该窗口内的对象则不被选中，如图1-32所示。

（3）"上一个（L）"选项：选取图形窗口内可见元素中最后创建的对象。

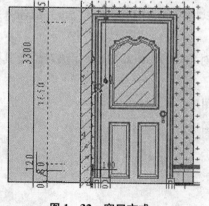

图1-32　窗口方式

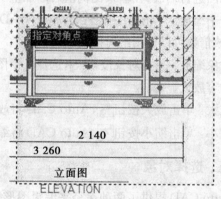

图1-33　窗交方式

(4)"窗交(C)"选项：全部位于矩形窗口之内或窗口边界相交的对象都将被选中，如图1-33所示。

(5)"框(BOX)"选项：由"窗口"和"窗交"组合的一个单独选项。从左到右设置拾取框的两角点，则执行"窗口"选项；从右到左设置拾取框的两角点，则执行"窗交"选项。

(6)"全部(ALL)"选项：选取图形中没有被锁定、关闭或冻结的层上的所有对象。

(7)"栏选(F)"选项：绘制一条多点栅栏，其中所有与栅栏线相接触的对象均会被选中，如图1-34所示。

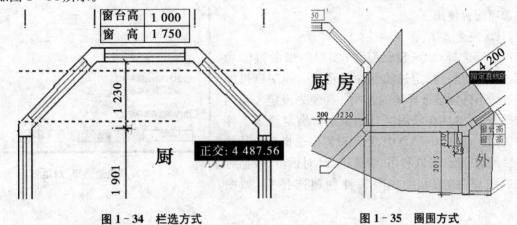

图1-34　栏选方式　　　　　　　　　图1-35　圈围方式

(8)"圈围(WP)"选项：绘制一个不规则的封闭多边形作为窗口来选取对象。完全包含在多边形中的对象将被选中，如图1-35所示。

(9)"圈交(CP)"选项：绘制一个不规则的封闭多边形作为交叉窗口来选取对象。所有在多边形内或与多边形相交的对象都将被选中，如图1-36所示。

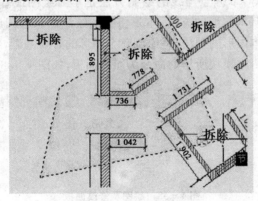

图1-36　圈交方式

(10)"编组(G)"选项：使用组名来选择一个已定义的对象编组。

(11)"添加(A)"选项：通过设置PICKADD系统变量把对象加入到选择集中。如果PICKADD被设置为1(默认)，则后面所选择的对象均被加入到选择集中；如果PICKADD被设置为0，则最近所选择的对象均被加入到选择集中。

(12)"删除(R)"选项：从选择集中移出已选取的对象，只需单击要从选择集中移出的对象即可。

(13)"多个(M)"选项：选取多点但不醒目显示对象，加速对象选取。

（14）"前一个（P）"选项：将最近的选择集设置为当前选择集。

（15）"放弃（U）"选项：取消最近的对象选择操作。

（16）"自动（AU）"选项：自动选择对象。

（17）"单个（SI）"选项：如果提前使用"单个"模式来完成选取，则当对象被发现后，对象选取工作就会自动结束，不会要求按"Enter"键来确定，可与其他选项配合使用。

2. 快速选择

快速选择命令可帮助用户实现图形的过滤功能，实质上是指指定过滤条件以及 Auto CAD 根据该过滤条件创建选择集的方式。即预先设定一系列选择条件，然后在绘图区自动识别出满足设定条件的目标。在 AutoCAD 中，当用户需要选择具有某些共性的对象时，可以利用"快速选择"对话框，根据对象的图层、线型和颜色等特性创建选择集，如图1-37 所示。

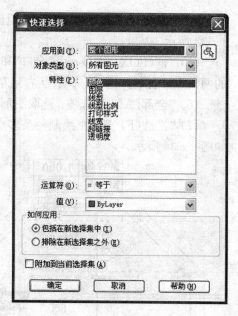

图1-37 "快速选择"对话框

模块四 Auto CAD 的二维绘图命令

在室内或景观施工图中，任何复杂的图形都是由基本的几何图形组成的，如直线、曲线、矩形、多边形、圆和圆弧等，掌握点与线的绘制方法是学习绘图最基本的要求。Auto CAD 为用户提供了多种绘制基本图形的方法，本章将介绍绘制点、线、圆形等室内及景观绘图的基本组成。了解这些基本图形的画法，是绘制整个图形的必要基础，编辑各种图形元素是绘制整个图形的充分条件。本模块所学的命令为绘图面板，如图1-38 所示。

图1-38 绘图及修改面板

一、绘线

直线是组成图形的基本元素，一般通过指定直线的起点、中间点和终点来绘制，也可以指定起点和下一点的偏移角度来实现。

命令：_line

菜单：绘图→直线

按钮：直线

功能：绘二维直线段

单击绘图面板上的直线按钮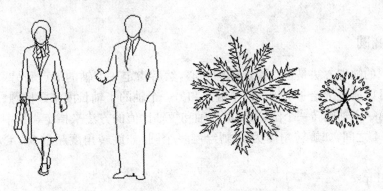，命令行将提示：

指定第一点：（确定直线段的起始点）

指定下一点或[放弃(U)]：（确定直线段的另一端点位置，或执行"放弃(U)"选项重新确定起始点）

指定下一点或[放弃(U)]：（可直接按"Enter"键或"Space"键结束命令，或确定直线段的另一端点位置，或执行"放弃(U)"命令取消前一次操作）

指定下一点或[闭合(C)/放弃(U)]：（可直接按"Enter"键或"Space"键结束命令，或确定直线段的另一端点位置，或执行"放弃(U)"命令取消前一次操作，或执行"闭合(C)"选项创建封闭多边形）

指定下一点或[闭合(C)/放弃(U)]：↙（也可以继续确定端点位置、执行"放弃(U)"选项、执行"闭合(C)"选项）

执行结果：Auto CAD绘制出连接相邻点的一系列直线段。如图1-39所示。

图1-39 绘制直线

二、绘圆

我们可以用很多方法来构造圆，如简单的给定圆心和半径的方法、给定圆心及直径的方法等。Auto CAD提供了六种画圆的方法，如图1-40所示。选择"绘图→圆"即可看到。

命令：_circle

菜单：绘图→圆

按钮：圆

功能：在指定位置绘圆

单击绘图面板上的圆按钮⊙，命令行将提示：

指定圆的圆心或[三点(3P)/两点(2P)/相切、相切、半径(T)]：

"指定圆的圆心"选项：用于根据指定的圆心以及半径或直径绘制圆弧。

"三点"选项：根据指定的三点绘制圆。

"两点"选项：根据指定两点绘制圆。

"相切、相切、半径"选项：用于绘制与已有两对象相切，且半径为给定值的圆。

"相切、相切、相切"选项：用于绘制与已有三个对象相切。

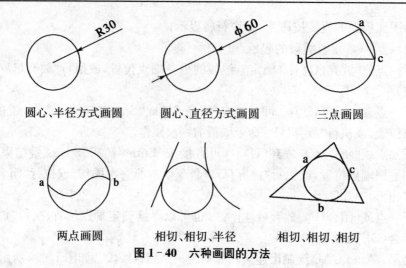

<table>
<tr><td>圆心、半径方式画圆</td><td>圆心、直径方式画圆</td><td>三点画圆</td></tr>
<tr><td>两点画圆</td><td>相切、相切、半径</td><td>相切、相切、相切</td></tr>
</table>

图 1-40　六种画圆的方法

三、绘椭圆

绘制椭圆的缺省方法是首先指定椭圆圆心,然后指定一个轴的端点和另一个轴的半长度。用户也可以通过指定一个轴的两个端点和另一个轴的半轴长度来画椭圆。第二个轴也可以通过绕第一个轴旋转一个圆,来定义长轴和短轴比值的方法来指定。其中,旋转角度应介于 0°到 89.4°之间,如旋转角度为 0,则绘制一个圆,如旋转角度超过 89.4°,将无法绘制椭圆。

命令:_ellipse

菜单:绘图→椭圆

按钮:椭圆

功能:绘椭圆或椭圆弧

单击绘图面板上的椭圆按钮 ⊙ ,Auto CAD 的命令行将提示:

指定椭圆的轴端点或[圆弧(A)/中心点(C)]:

"指定椭圆的轴端点"选项:用于根据一个轴上的两个端点位置等绘制椭圆。

"中心点"选项:用于根据指定的椭圆中心点等绘制椭圆。

"圆弧"选项:用于绘制椭圆弧。

四、绘矩形

在 Auto CAD 中,Rectang 命令用于绘制矩形。该命令也可通过选择绘图面板中的矩形工具发出,或选择"绘图"菜单下的"矩形"选项。

绘制矩形时各边的宽度有 Pline 命令定义,即使用多段线的宽度。关于对多段线的设置方法,我们将在以后的章节讲述。

命令:_rectang

菜单:绘图→矩形

按钮:矩形

功能:根据提示输入两对角点后即可得到一个矩形,另外,我们还可以绘圆角和切角的矩形。

单击绘图面板上的矩形按钮▭，命令提示行将提示：

指定第一个角点或[倒角(C)/标高(E)/圆角(F)/厚度(T)/宽度(W)]：

"指定第一个角点"选项：要求指定矩形的一个角点。执行该选项，命令提示行将提示：

指定另一个角点或[面积(A)/尺寸(D)/旋转(R)]：

此时可通过指定另一个角点绘制矩形，通过"面积"选项根据面积绘制矩形，通过"尺寸"选项根据矩形的长和宽绘制矩形，通过"旋转"选项表示绘制按指定角度放置的矩形。

"倒角"选项：表示绘制在各角点处有倒角的矩形。

"标高"选项：用于确定矩形的绘图高度，即绘图面与 X、Y 面之间的距离。

"圆角"选项：确定矩形角点处的圆角半径，使所绘制矩形在各角点处按此半径绘制出圆角。

"厚度"选项：确定矩形的绘图厚度，使所绘制矩形具有一定的厚度。

"宽度"选项：确定矩形的线宽。

五、绘正多边形

在 Auto CAD 中，用户可利用 Polygon 命令绘制正多边形，或选择绘图面板中的多边形工具。

正多边形的画法主要有三种，所有这三种绘制方法均要求首先输入多边形的边数，然后可选择按边或中心来绘制。

如果指定按边绘制，则要求拾取边的起点和终点即可。如选择按中心绘制多边形，则又有两种选择，一种是外接圆方式，一种是内接圆方式。如选择前者，则多边形的所有顶点均落在圆上。如选择后者，则半径等于从多边形的中心到边中心的距离。

命令：_polygon

菜单：绘图→正多边形

按钮：正多边形

功能：绘指定格式的正多边形

单击绘图面板上的正多边形按钮⬠，命令提示行将提示：

输入侧面数〈6〉：

输入要绘制的多边形边数，按"Enter"键，命令提示行将提示：

指定正多边形的中心点或[边(E)]：

指定正多边形的中心点：此默认选项要求用户确定正多边形的中心点，指定后将利用多边形的假想外接圆或内切圆绘制等边多边形。

执行该选项，即确定多边形的中心点后，命令提示行将提示：

输入选项[内接于圆(I)/外切于圆(C)]〈I〉：

其中，"内接于圆"选项表示所绘制的多边形将内接于假想的圆；"外切于圆"选项表示所绘制多边形将外切于假想的圆。

边：根据多边形某一条边的两个端点绘制多边形。

六、绘圆弧

不像圆只有圆心和半径，圆弧的控制要困难一些。除了圆心和半径之外，圆弧还需要起点和终止角才能完全定义。此外，圆弧还有顺时针和逆时针特性。选择"绘图—圆弧"，Auto CAD提供了11种构造圆弧的方法，如图1-41所示。

命令：_arc

菜单：绘图→圆弧

按钮：圆弧

功能：绘指定格式的圆弧

单击绘图面板上的三点按钮，命令行将提示：

指定圆弧的起点或[圆心(C)]：(确定圆弧的起始点位置)。

指定圆弧的第二个点或[圆心(C)/端点(E)]：(确定圆弧上的任意一点)。

指定圆弧的端点：(确定圆弧的终止点位置)。

执行结果：Auto CAD绘制出由指定三点确定的圆弧。

图1-41 圆弧命令

七、绘点

点是图形中最基本的对象，绘制点有两种方法：选择绘图面板上的点按钮，然后再用鼠标在合适的位置单击；选择"绘图"菜单下的"点"选项，然后再选择"单点"，再用鼠标在作图区单击。如果想绘制一系列的点，则选择"绘图→点→多点"，然后用鼠标在作图区连续单击，最后按"Enter"键。

命令：_point

菜单：绘图→点

按钮：点

功能：在画面上生成点。Auto CAD在点命令下提供4条子命令：

操作格式：

1. 绘制点

执行point命令，命令提示行将提示：

指定点：在该提示下确定点的位置，Auto CAD就会在该位置绘制出相应的点。

2. 设置点的样式与大小

选择"格式"→"点样式"命令，即执行DDP-TYPE命令，Auto CAD弹出如图1-42所示的"点样式"对话框，用户可通过该对话框选择自己需要的点样式。此外，还可以利用对话框中的"点大小"编辑框确定点的大小。

3. 绘制定数等分点

指将点对象沿对象的长度或周长等间隔排列。

单击绘图面板上的定数等分按钮，命令提示行将提示：

选择要定数等分的对象：(选择对应的对象)。

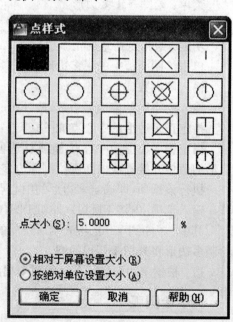

图1-42 "点样式"对话框

输入线段数目或[块(B)]：在此提示下直接输入等分数，即响应默认项，Auto CAD 在指定的对象上绘制出等分点。

另外，利用"块(B)"选项可以在等分点处插入块。

4. 绘制定距等分点

指将点对象在指定的对象上按指定的间隔放置。

单击绘图面板上的定距等分按钮，命令提示行将提示：

选择要定距等分的对象：（选择对象）。

指定线段长度或[块(B)]：在此提示下直接输入长度值，即执行默认项，Auto CAD 在对象上的对应位置绘制出点。

同样，可以利用"点样式"对话框设置所绘制点的样式。如果在"指定线段长度或[块(B)]："提示下执行"块(B)"选项，则表示将在对象上按指定的长度插入块。

八、绘多段线

多段线由多段对象所组成，它可以包括直线和曲线。在 Auto CAD 中，用户可利用 Pline 命令生成多段线，还可以用 Pedit 命令来编辑它。

用户既可以在命令行上直接输入 Pline 命令，也可以通过单击绘图面板上的"多段线"按钮来执行它。

如前所述，多段线具有很多单独的直线、圆弧等对象所具备的优点，这主要表现在以下几点：

多段线可直可曲、可宽可窄，宽度既可固定也可变化（如箭头形状等）；

多段线编辑更容易，这使得对多段线作图案填充处理或在 3D 空间对多段线进行操作变得轻松自如。

命令：_pline

菜单：绘图→多段线

按钮：多段线

功能：在画面上生成由有一定宽度或宽度有变化的多线段和圆弧组成的整体图形实体。

单击绘图面板上的"多段线"按钮，命令提示行将提示：

当前线宽为 0.0000

指定下一个点或[圆弧(A)/半宽(H)/长度(L)/放弃(U)/宽度(W)]：

指定起点：要求输入多段线的线段终点的坐标值。

闭合(C)：该选项的作用是将在当前点与多段线的第一点之间绘制一条线段，从而使多段线图形形成一个封闭图形并退出多段线命令。

半宽(H)：选该选项可以设置多段线的半宽值。

长度(L)：选该选项可以输入长度值来绘制多段线。

放弃(U)：选该选项可以取消最后绘制的一段多段线。

宽度(W)：选该选项可以设置多段线的宽值。

圆弧(A)：选该选项则多段线绘制进入圆弧线绘制。多段线的圆弧命令选项为：

[角度(A)/圆心(CE)/闭合(CL)/方向(D)/半宽(H)/直线(L)/半径(R)/第二点(S)/

放弃(U)/宽度(W)]：

角度(A)：使用圆弧所包含的圆心角的值绘制圆弧。

圆心(CE)：使用确定圆弧的曲率中心的方法画圆弧。

闭合(CL)：选该选项，则产生一圆弧段将多段线的当前点与起点连接形成封闭的多段线图形。

方向(D)：选该选项可以重新指定圆弧线绘制方向，而使前一段直线或圆弧线的延伸失败。

直线(L)：可使多段线的绘制方式从圆弧线方式改为直线方式。

半径(R)：选该选项可利用设置圆弧的曲率半径的方法画圆弧。

第二点(S)：该选项为3点画弧方式。

九、绘样条曲线

可用样条曲线命令绘制光滑曲线。样条可以是二维或三维的图形。通过拟合数据点画曲线。拟合数据点决定了样条图形的控制点，控制点含有曲线信息。

命令：_spline

菜单：绘图→样条曲线→拟合点(F)

按钮：样条曲线

功能：该命令可以画二维或三维样条。样条是拟合定义数据的光滑曲线。还可以控制曲线到拟合数据点之间的容差大小。

单击绘图面板上的样条曲线按钮～，命令提示行将提示：

指定第一个点或[方式(M)/节点(K)/对象(O)]：

输入下一个点或 [起点切向(T)/公差(L)]：

输入下一个点或 [端点相切(T)/公差(L)/放弃(U)]：

输入下一个点或 [端点相切(T)/公差(L)/放弃(U)/闭合(C)]：

输入下一个点或 [端点相切(T)/公差(L)/放弃(U)/闭合(C)]：

"输入下一个点"选项用于指定样条曲线上的下一点。"公差"选项用于根据给定的拟合公差绘样条曲线。"封闭"选项用于封闭多段线。

十、绘多线

多线是用多线命令绘制的由多条直线组成的复合线。在建筑制图中，多线命令主要用来画平面图中的墙线。在室内设计中，有许多由平行直线组成的图形结构，例如栏杆、门窗包边等，这些图形都可以用多线命令来绘制。

命令：_mline

菜单：绘图→多线

按钮：多线

功能：该命令可生成多重平行线图

选择"绘图"下拉菜单中的"多线"命令，命令提示行将提示：

当前设置：对正＝上，比例＝20.00，样式＝STANDARD

指定起点或[对正(J)/比例(S)/样式(ST)]：

提示中的第一行说明当前的绘图模式。本提示示例说明当前的对正方式为"上"方式，比例为 20.00，多线样式为 STANDARD；第二行为绘多线时的选择项。

其中，"指定起点"选项用于确定多线的起始点。

"对正"选项用于控制如何在指定的点之间绘制多线，即控制多线上的哪条线要随光标移动。

"比例"选项用于确定所绘多线的宽度相对于多线定义宽度的比例。

"样式"选项用于确定绘多线时采用的多线样式。

创建多线样式

在 Auto CAD 中，缺省的多线型包括两条线，每条偏移均为 0.5（上下偏移）。但用户可使用 MLSTYLE 命令重新设置多线特性，该命令也可以通过选择"格式"下拉菜单中的"多线样式"来发出。用户能创建指定的样式来控制元素的数目和每个元素的属性，也能控制背景填充和结束封口。

1. 从"格式"下拉菜单中选择"多线样式"选项。

2. 在弹出的"多线样式"对话框中输入名字和样式的特征描述。特征描述是任选的，最多能包含 255 个字符，包括空白，如图 1-43 所示。

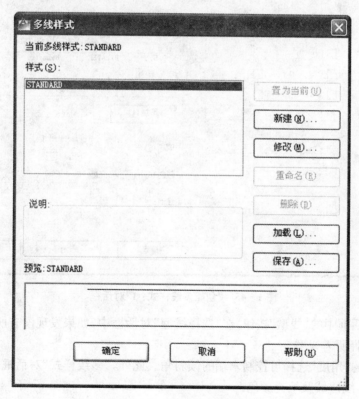

图 1-43 "多线样式"对话框

3. 在"多线样式"对话框中单击"新建"按钮可出现如图 1-44 所示的"创建新的多线样式"对话框。

图1-44 "创建新的多线样式"对话框

4. 若要增加元素到样式中或修改已存在的元素,则可以在"图元"中选择。

5. 在"图元"区,单击"添加"按钮,即可增加一个元素。在列表中选择修改元素,改变偏移、颜色和线型的参数,如图1-45所示。

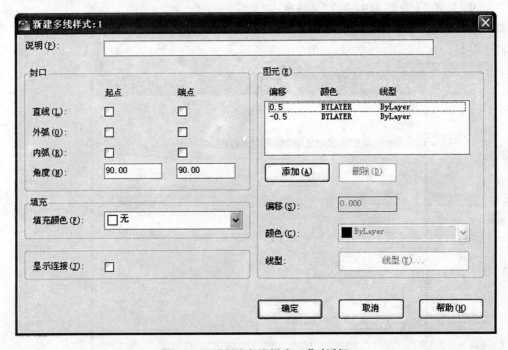

图1-45 "创建多线样式:1"对话框

6. 单击对话框中的"线型"按钮,在"选择线型"对话框中,如果发现没有所需线型,可以单击"加载",选择所需线型。

7. 封口区的"角度"选择可控制末端的倾斜角。此外,"多线样式"对话框中的"填充"区决定是否填充多线区域及填充颜色。

"封口"区的"直线"、"外弧"、"内弧"用于控制多线端点的生成,弧连接的元素与元素的总数有关。例如,如果有六元素,内弧连接元素2、5和元素3、4。如果有七元素,内部弧连接元素2、6和元素3、5。图1-46所示是几种封口的图示。

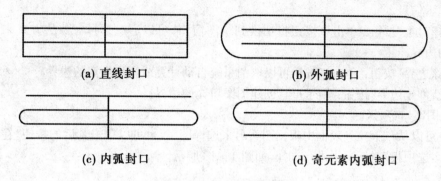

(a) 直线封口　　　　　　　　　　(b) 外弧封口

(c) 内弧封口　　　　　　　　　　(d) 奇元素内弧封口

图 1-46　几种封口的图示

8. 单击"确定",然后在"多线样式"对话框中选择"保存",在弹出的"保存多线样式"对话框中命名并保存此多线样式。

"多线样式"对话框中的中间部分显示了当前线型的预览画面。此处要注意的几点是:

(1) 多线中的各线线型及颜色均可单独设定。

(2) 对于非连续线型,该窗口未能反映出来。

(3) 如设为非连续线型,用户在绘制多线时速度将明显减慢。

另外,"多线样式"对话框中的"保存"按钮用于将设计的多线线型保存至选定文件中,以便在设计其他图形时使用。否则,创建的新线型仅能在本图形中使用。

十一、图案填充

在绘图应用中,经常需要把某种图案填入某个区域。这种图案可以区分图形的各个组成部分或者表示出构成一个实体的材料。这种处理被称为"绘制阴影线"或"图案填充"。用户可以从 Auto CAD 提供的库中选择一种图案进行填充,或者设计自己的图案符号进行填充。

每一种阴影图案包含由一种或多种按特定角度和间隔构成的阴影线。阴影线可以是连续的实线,也可以是各种点划线。图案按需要进行重复或剪取,以便准确地填充到指定的区域。通常 Auto CAD 把各种线段构成的图案组成一个内部块。

单击绘图面板上的图案填充按钮▨,或输入快捷键(H),在面板区出现"图案填充创建"选项栏,如图 1-47 所示。

图 1-47　"图案填充创建"选项栏

1. "边界"选项区

在"边界"选项区域中,包括添加拾取点、选择对象等按钮,它们的功能如下。

"拾取点"按钮:可以以拾取点的形式来指定填充区域的边界。单击该按钮,Auto CAD将切换到绘图窗口,用户可在需要填充的区域内任意指定一点,系统会自动计算出包围该点的封闭填充边界,同时亮显该边界。如果在拾取点后系统不能形成封闭的填充边界,则会显示错误提示信息。

"选择对象"按钮：单击该按钮将切换到绘图窗口，可以通过选择对象的方式来定义填充区域的边界。

"删除边界"按钮：单击该按钮可以取消系统自动计算或用户指定的边界。

"重新创建边界"按钮：用于重新创建图案填充的边界。

2. "图案"选项区

用户可以从该下拉列表框中根据图案名来选择图案，也可以单击其后的按钮，在打开的"填充图案选项板"对话框中进行选择，如图1-48所示。

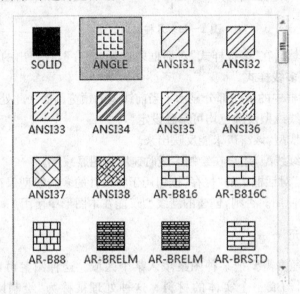

图1-48　图案选项板

3. "特性"选项区

图案：指定是创建预定义的图案填充、自定义的图案填充还是用户定义的图案填充。

使用当前项：使用为实体填充和填充图案指定的颜色替代当前颜色。

无：指定填充图案的背景色。

图案填充透明度：显示图案填充透明度的当前值或接受替代图案填充透明度的值。

角度：用于设置填充图案的旋转角度，每种图案在定义时的旋转角度都为零。

填充图案比例：用于设置图案填充时的比例值。每种图案在定义时的初始比例为1，用户可以根据需要放大或缩小。

4. "原点"选项区

用于设置图案填充原点的位置，因为许多图案填充时需要对齐填充边界的某个点。

5. "选项"区

关联：用于创建其边界时随之更新的图案和填充。

注释性：指定根据视口比例自动调整填充比例。

使用当前原点：使用选定图案填充对象的特性设置图案填充特性。

"创建独立的图案填充"：用于创建独立的图案填充。

孤岛检测：

无孤岛检测方式：不检测孤岛。

普通孤岛检测方式：这种方式从最外边界开始，由每条边界向里面画，遇到内部实体与之相交时则断开阴影线，直至遇到下一条相交实体时才继续画阴影线。因此，从外层边界向内奇次相交后的区域被画上阴影线，而偶次相交的区域不画阴影线。

外部孤岛检测方式：从边界向内画阴影线，但遇到内部目标时就不再继续画。其结果是最外层被画上了阴影线而所有内部结构里都不画阴影线。

忽略孤岛检测方式：从最外层边界开始所有内部结构都被画上阴影线，如同内部没有实体存在一样。

绘图次序：用于指定图案填充的绘图顺序，图案填充可以放在图案填充边界及所有其他对象之后或之前。

模块五　Auto CAD 的二维编辑命令

在绘制一幅图形时，仅仅通过绘图功能一般不能形成最终所需的图形，编辑图形是不可缺少的过程。编辑命令不仅可以保证绘制的图形达到最终所需的结构精度等要求，更为重要的是通过编辑功能中的复制、偏移、阵列、镜像等命令可以迅速完成相同或相近的图形。配合适当的技巧，可以充分发挥计算机图形的优势，快速完成图形的绘制。

一、删除

功能：删除指定对象。

操作格式：

单击修改面板上的"删除"按钮　，或输入快捷键（E），命令提示行将提示：

选择对象：（选择要删除的对象）

选择对象：↙（也可以继续选择对象）

二、移动

在绘制图形时，图形实体在画面上的位置安排是一个很重要的因素。当绘制了部分图形实体后，发觉图面位置安排不太理想，可用移动命令来移动图形实体，避免了擦除后重画的麻烦。

功能：将指定的对象移动到指定位置。

操作格式：

单击修改面板上的"移动"按钮　，或输入快捷键（M），命令提示行将提示：

选择对象：（选择要移动位置的对象）

选择对象：↙（也可以继续选择对象）

指定基点或[位移(D)]<位移>：

（1）指定基点

确定移动基点，为默认项。执行该默认项，即指定移动基点后，命令提示行将提示：

指定第二个点或<使用第一个点作为位移>：在此提示下指定一点作为位移第二点，或直接按"Enter"键或"Space"键，将第一点的各坐标分量（也可以看成为位移量）作为移动位移量移动对象。

（2）位移

根据位移量移动对象。执行该选项，Auto CAD 提示：

指定位移：

如果在此提示下输入坐标值（直角坐标或极坐标），Auto CAD 将所选择对象按与各坐标值对应的坐标分量作为移动位移量移动对象。

三、复制

在绘制比较复杂的图形时，经常会在图形中重复绘制处于不同位置而图形要素完全相同的图形实体。Auto CAD 提供的 COPY 命令可以方便地完成重复绘制。

功能：将指定的对象复制到指定的位置。

操作格式：

单击修改面板上的"复制"按钮，或输入快捷键（CO），命令提示行将提示：

选择对象：（选择要复制的对象）

选择对象：✓（也可以继续选择对象）

指定基点或[位移(D)/模式(O)]＜位移＞：

（1）指定基点：

确定复制基点，为默认项。执行该默认项，即指定复制基点后，命令提示行将提示：

指定第二个点或＜使用第一个点作为位移＞：

在此提示下再确定一点，Auto CAD 将所选择对象按由两点确定的位移矢量复制到指定位置；如果在该提示下直接按"Enter"键或"Space"键，则 Auto CAD 将第一点的各坐标分量作为位移量复制对象。

（2）位移(D)

根据位移量复制对象。执行该选项，命令提示行将提示：

指定位移：如果在此提示下输入坐标值（直角坐标或极坐标），Auto CAD 将所选择对象按与各坐标值对应的坐标分量作为位移量复制对象。

（3）模式(O)

确定复制模式。执行该选项，命令提示行将提示：

输入复制模式选项[单个(S)/多个(M)]＜多个＞：

其中，"单个(S)"选项表示执行 COPY 命令后只能对选择的对象执行一次复制，而"多个(M)"选项表示可以多次复制，Auto CAD 默认为"多个(M)"。

四、旋转

旋转对象指将指定的对象绕指定点（称其为基点）旋转指定的角度。

功能：若直线输入一角度值，即执行缺省值，Auto CAD 则将指定对象绕指定的基点转动指定的角度，且角度为正时逆时针旋转，反之顺时针旋转。也可以通过捕捉方式进行旋转。

操作格式：

单击修改面板上的"旋转"按钮，或输入快捷键（RO），命令提示行将提示：

选择对象：(选择要旋转的对象)

选择对象：↙(也可以继续选择对象)

指定基点：(确定旋转基点)

指定旋转角度，或[复制(C)/参照(R)]：

(1) 指定旋转角度输入角度值

Auto CAD 会将对象绕基点转动该角度。在默认设置下，角度为正时沿逆时针方向旋转，反之沿顺时针方向旋转。

(2) 复制(C)

创建出旋转对象后仍保留原对象。

(3) 参照(R)

以参照方式旋转对象。执行该选项，命令提示行将提示：

指定参照角：(输入参照角度值)

指定新角度或[点(P)]<0>：(输入新角度值，或通过"点(P)"选项指定两点来确定新角度)

执行结果：Auto CAD 根据参照角度与新角度的值自动计算旋转角度(旋转角度＝ 新角度－参照角度)，然后将对象绕基点旋转该角度。

五、偏移

在工程制图中经常会碰到绘制平行线、同心圆及圆弧平行移动后产生的图形实体。在 Auto CAD 中可以用其所提供的 OFFSET 命令来完成。

功能：对指定的线、弧及圆等作同心复制，对线而言，其圆心为无穷远，因此，是平行的复制。

命令格式：

单击修改面板上的"偏移"按钮☖，或输入快捷键(O)，命令提示行将提示：

指定偏移距离或[通过(T)/删除(E)/图层(L)]<通过>：

(1) 指定偏移距离

根据偏移距离偏移复制对象。在"指定偏移距离或[通过(T)/删除(E)/图层(L)]："提示下直接输入距离值，命令提示行将提示：

选择要偏移的对象，或[退出(E)/放弃(U)]<退出>：(选择偏移对象)

指定要偏移的那一侧上点，或[退出(E)/多个(M)/放弃(U)]<退出>：(在要复制到的一侧任意确定一点。"多个(M)"选项用于实现多次偏移复制)

(2) 通过

使偏移复制后得到的对象通过指定的点。

(3) 删除

实现偏移源对象后，删除源对象。

(4) 图层

确定是将偏移对象创建在当前图层上还是源对象所在的图层上。

六、分解

将复合对象分解为其部件对象。如：把多段线分解成直线段，把块分解成组成块的对

31

象,把一个尺寸标注分解成线段箭头和尺寸文本。

七、缩放

手工绘图时,特别强调在正式画图前要选择恰当的作图比例,如果比例选择不当,可能会导致重画。用 Auto CAD 作图,一般都可以按 1∶1 的比例绘制,画完以后再进行放大或缩小,或通过打印比例调整图形大小。

功能:将所选定的对象按指定的比例系数相对于指定的基点放大或缩小。

操作格式:

单击修改面板上的"缩放"按钮 ,或输入快捷键(SC),命令提示行将提示:

选择对象:(选择要缩放的对象)

指定基点:(确定基点位置)

指定比例因子或[复制(C)/参照(R)]:

(1)指定比例因子

确定缩放比例因子,为默认项。执行该默认项,即输入比例因子后按"Enter"键或"Space"键,Auto CAD 将所选择对象根据该比例因子相对于基点缩放,且 0<比例因子<1时缩小对象,比例因子>1 时放大对象。

(2)复制(C)

创建出缩小或放大的对象后仍保留原对象。执行该选项后,根据提示指定缩放比例因子即可。

(3)参照(R)

将对象按参照方式缩放。执行该选项,命令提示行将提示:

指定参照长度:(输入参照长度的值)

指定新的长度或[点(P)]:(输入新的长度值或通过"点(P)"选项通过指定两点来确定长度值)

执行结果:Auto CAD 根据参照长度与新长度的值自动计算比例因子(比例因子=新长度值÷参照长度值),并进行对应的缩放。

八、修剪

在工程制图时,常常会遇到在绘制某些图形实体时,一开始并不能确定其精确的长度值,而要依赖其他的图形实体与该图形实体的关系才能确定其长度。在 Auto CAD 中常常用 TRIM 命令来擦除图形实体的多余部分。比如,在绘制圆弧时,先绘制圆,然后根据圆与其他图形实体的关系擦除圆的多余部分,留下的图形实体即为所需的圆弧。

TRIM 命令既可以截断实体,又可以裁去中间的一部分,它依赖于用户指定的实体和点。该命令可以使用户能截去直线、圆弧、圆、多段线、射线以及样条曲线中穿过用户所选切割边的部分,用户可以把直线、圆弧、圆、多段线、射线、样条曲线、文本以及构造线作为切割边。在待裁剪的实体上拾取的点决定了哪个部分将被裁剪掉。

功能:用剪切修剪指定的对象。

操作格式:

单击修改面板上的"修剪"按钮 ,或输入快捷键(TR),命令提示行将提示:

32

选择剪切边...

选择对象或＜全部选择＞：（选择作为剪切边的对象，按"Enter"键选择全部对象）

选择要修剪的对象，或按住"Shift"键选择要延伸的对象，或［栏选（F）/窗交（C）/投影（P）/边（E）/删除（R）/放弃（U）］：

（1）选择要修剪的对象，或按住"Shift"键选择要延伸的对象

在上面的提示下选择被修剪对象，Auto CAD 会以剪切边为边界，将被修剪对象上位于拾取点一侧的多余部分或将位于两条剪切边之间的部分剪切掉。

（2）栏选（F）

以栏选方式确定被修剪对象。

（3）窗交（C）

使与选择窗口边界相交的对象作为被修剪对象。

（4）投影（P）

确定执行修剪操作的空间。

（5）边（E）

确定剪切边的隐含延伸模式。

（6）删除（R）

删除指定的对象。

（7）放弃（U）

取消上一次的操作。

九、延伸

在工程制图中有时用户希望将某一实体延伸到与其他的图形实体相交。在 Auto CAD 中可使用延伸命令来实现。

与修剪命令相似，延伸命令可用边界方式把待延伸的实体延伸到边界上，该命令可延伸的实体可以是直线、圆弧、圆、多段线、射线、样条曲线、文本以及构造线等。所选取的实体既可以被看做是边界，又可以被看做是有待延伸的实体。待延伸的实体上的拾取点确定了所应延伸的端部。

功能：延伸指定的对象，使其到达图中选定的边界。

操作格式：

单击修改面板上的"延伸"按钮，输入快捷键（EX），命令提示行将提示：

选择边界的边...

选择对象或＜全部选择＞：（选择作为边界边的对象，按"Enter"键则选择全部对象）

选择要延伸的对象，或按住"Shift"键选择要修剪的对象，或［栏选（F）/窗交（C）/投影（P）/边（E）/放弃（U）］：

（1）选择要延伸的对象，或按住"Shift"键选择要修剪的对象

选择对象进行延伸或修剪，为默认项。用户在该提示下选择要延伸的对象，Auto CAD 把该对象延长到指定的边界对象。

（2）栏选（F）

以栏选的方式确定被延伸的对象。

(3) 窗交(C)

使与选择窗口边界相交的对象作为被延伸的对象。

(4) 投影(P)

确定执行延伸操作的空间。

(5) 边(E)

确定延伸的模式。

(6) 放弃(U)

取消上一次的操作。

十、拉长

改变线段或圆弧的长度。

功能：改变线段或圆弧的长度。

操作格式：

单击绘图面板上的"拉长"按钮 ，或输入快捷键(LEN)，命令提示行将提示：

选择对象或[增量(DE)/百分数(P)/全部(T)/动态(DY)]：

(1) 选择对象

显示指定直线或圆弧的现有长度和包含角(对于圆弧而言)。

(2) 增量

通过设定长度增量或角度增量改变对象的长度。执行此选项，命令提示行将提示：

输入长度增量或[角度(A)]：

在此提示下确定长度增量或角度增量后，再根据提示选择对象，可使其长度改变。

(3) 百分数

使直线或圆弧按百分数改变长度。

(4) 全部

根据直线或圆弧的新长度或圆弧的新包含角改变长度。

(5) 动态

以动态方式改变圆弧或直线的长度。

十一、拉伸

可移动图形，但拉伸通常用于使对象拉长或压缩。

功能：可以移动指定的一部分图形。该命令在操作时移动实体的一个端点而保持另一端点固定不变。端点移动完成后，AutoCAD 根据新的端点位置重新画出被拉伸的实体。

操作格式：

单击修改面板上的"拉伸"按钮 ，或输入快捷键(S)，命令提示行将提示：

以交叉窗口或交叉多边形选择要拉伸的对象…

选择对象：

输入 C （或用 CP 响应），第一行提示说明用户只能以交叉窗口方式(即交叉矩形窗口，用 C 响应)或交叉多边形方式(即不规则交叉窗口方式，用 CP 响应)选择对象(可以继续选择拉伸对象)。之后命令提示行将提示：

指定基点或[位移(D)]<位移>：

(1) 指定基点

确定拉伸或移动的基点。

(2) 位移(D)

根据位移量移动对象。

十二、镜像

在工程制图中，经常会遇到需要绘制重复的而且是以某一轴对称的图形实体。利用 Auto CAD 的镜像命令可以实现。

功能：将指定的对象按给定的镜像线作镜像。

操作格式：

单击修改面板上的"镜像"按钮 ，或输入快捷键(MI)，命令提示行将提示：

选择对象：(选择要镜像的对象)

指定镜像线的第一点：(确定镜像线上的一点)

指定镜像线的第二点：(确定镜像线上的另一点)

是否删除源对象？[是(Y)/否(N)]<N>：(根据需要响应即可)

十三、阵列

在工程制图中，经常会将具有相同参数、相同形状的图形实体组成一组有规则的图形阵列，如果用以前所讲述的复制命令、偏移或镜像命令等来进行并不具有优越性，而阵列命令可以将已有的图形实体有效地复制成有一定规则的图形实体的功能。该命令功能十分强大。在 Auto CAD 中阵列操作有环形阵列和矩形阵列两种方式。所谓环形阵列是指阵列中的元素是围绕某一中心点排列的。矩形阵列是一个由若干行与若干列组成的方阵。

功能：按矩形或环形阵列的方式复制指定的对象，即把对象按指定格式做多重复制。

操作格式：

单击修改面板上的"阵列"按钮 ，或输入快捷键(AR)，命令提示行将提示：

选择对象：指定对角点：

选择对象：

输入阵列类型[矩形(R)/环形(P)]<R>：

矩形(R)：利用其选择阵列对象，并设置阵列行数、列数、行间距、列间距等参数后，即可实现阵列。

环形(P)：利用其选择阵列对象，并设置阵列中心点、填充角度等参数后，即可实现阵列。

十四、倒圆角

在工程制图中特别是在绘制建筑图纸时，由于工艺要求，线段之间经常需要使用圆弧来过渡或连接，如果采用画圆或圆弧的方式来绘制是一件非常繁琐的工作。Auto CAD 提供的 FILLET 命令可用于完成这项繁琐的工作,使绘制过渡圆弧成为一件较轻松的工作。

功能:指定两个对象按指定半径倒圆角

命令格式:

单击修改面板上的"圆角"按钮□,或输入快捷键(F),命令提示行将提示:

当前设置:模式= 修剪,半径= 0.000 0

选择第一个对象或[放弃(U)/多段线(P)/半径(R)/修剪(T)/多个(M)]:

提示中,第一行说明当前的创建圆角操作采用了"修剪"模式,且圆角半径为0。第二行的含义如下:

(1) 选择第一个对象

此提示要求选择创建圆角的第一个对象,为默认项。用户选择后,命令提示行将提示:

选择第二个对象,或按住"Shift"键选择要应用角点的对象:

在此提示下选择另一个对象,Auto CAD 按当前的圆角半径设置对它们创建圆角。如果按住"Shift"键选择相邻的另一对象,则可以使两对象准确相交。

(2) 多段线(P)

对二维多段线创建圆角。

(3) 半径(R)

设置圆角半径。

(4) 修剪(T)

确定创建圆角操作的修剪模式。

(5) 多个(M)

执行该选项且用户选择两个对象创建出圆角后,可以继续对其他对象创建圆角,不必重新执行 FILLET 命令。

十五、倒直角

功能:对两个不平行的直线作倒角。倒角命令中可以由每条线段的距离来确定倒角,或由一条线段的距离及角度来确定倒角。

命令格式:

单击修改面板上的"倒角"按钮□,或选择"修改"→"倒角"命令,即执行 CHAMFER 命令,命令提示行将提示:

("修剪"模式) 当前倒角距离 1=0.000 0,距离 2=0.000 0

选择第一条直线或[放弃(U)/多段线(P)/距离(D)/角度(A)/修剪(T)/方式(E)/多个(M)]:

提示的第一行说明当前的倒角操作属于"修剪"模式,且第一、第二倒角距离分别为1和2。

(1) 选择第一条直线

要求选择进行倒角的第一条线段,为默认项。选择某一线段,即执行默认项后,命令提示行将提示:

选择第二条直线,或按住"Shift"键选择要应用角点的直线:

在该提示下选择相邻的另一条线段即可。

（2）多段线（P）

对整条多段线倒角。

（3）距离（D）

设置倒角距离。

（4）角度（A）

根据倒角距离和角度设置倒角尺寸。

（5）修剪（T）

确定倒角后是否对相应的倒角边进行修剪。

（6）方式（E）

确定将以什么方式倒角，即根据已设置的两倒角距离倒角，还是根据距离和角度设置倒角。

（7）多个（M）

如果执行该选项，当用户选择了两条直线进行倒角后，可以继续对其他直线倒角，不必重新执行 CHAMFER 命令。

（8）放弃（U）

放弃已进行的设置或操作。

项目训练二
别墅平面施工图的绘制

第一部分　绘制别墅平面施工图的目标任务及活动设计

一、教学目标

最终目标：熟练运用 CAD 软件中合适的绘图命令和编辑命令绘制室内平面图。

促成目标：1. 能准确运用二维绘图命令和编辑命令绘制室内平面图。

　　　　　2. 掌握图层的概念和设置。

　　　　　3. 掌握文字输入和尺寸标注的设置。

二、工作任务

1. 能看懂图纸，摹绘室内平面图纸（居住空间），准确使用绘图命令和编辑命令。

2. 能熟练运用软件绘制墙体和家具，标注文字和尺寸。

3. 能熟练设置图层、文字和标注。

三、活动设计

1. 活动内容：熟练运用 CAD 软件绘制室内平面图（居住空间）。

2. 活动组织

序号	活动项目	具体实施	课时	课程资源
1	多媒体演示平面图的绘制步骤和技巧	图层的设置演示 墙体的绘制演示 家具的绘制演示 文字的设置演示 标注的设置演示	2	
2	学生摹绘居住空间平面图	要求学生熟练进行图层、文字、标注的设置，熟练绘制平面图中墙体和家具，并标注文字尺寸，同时使用快捷键	4	

3. 活动评价

评价内容	评 价 标 准			
	优秀	良好	合格	不合格
图层、文字、标注的设置，平面图的绘制	1. 熟练并快速进行图层、文字和标注的设置，熟练使用快捷键进行居住空间平面图的绘制； 2. 画面整齐美观	1. 熟练设置图层、文字和标注，顺利使用快捷键进行居住空间平面图的绘制； 2. 画面整齐	1. 能设置图层、文字和标注，居住空间平面图的绘制不够熟练； 2. 画面一般	1. 图层、文字和标注的设置不熟练，不能使用快捷键进行居住空间平面图的绘制； 2. 画面比较混乱

四、主要实践知识

1. 掌握二维绘图命令的操作方法和步骤：直线、构造线、多线、圆、多边形、椭圆形、矩形等。

2. 掌握二维编辑命令的操作方法和步骤：删除、镜像、移动、偏移、缩放、延伸、拉伸、打断、复制等。

3. 墙体绘制的几种方法和步骤。

4. 图层对话框的设置：颜色、线型、线宽等的设置。

5. 文字格式对话框的设置：字体、字号、特殊效果等。

6. 标注对话框的设置：尺寸线、文字、比例等。

7. 文字输入的两种方法：单体文字和文本文字。

五、主要理论知识

1. 不同比例的室内平面图中文字的大小选择。

2. 不同线宽应该归在不同图层，方便打印设置。

3. 作图要有条理，为文件的输出做好准备。

第二部分 绘制别墅平面施工图的项目内容

模块一 绘制别墅平面框架施工图

别墅平面施工图是室内设计图的核心部分，主要是平面布置图、顶棚布置图、地面布置图等，主要包括墙体、门、窗户、柱子、家具、灯具、绿化、摆设、地面等。

本节绘制的是某别墅的一层平面施工图，绘制完成的平面施工图如图 2-1 所示。

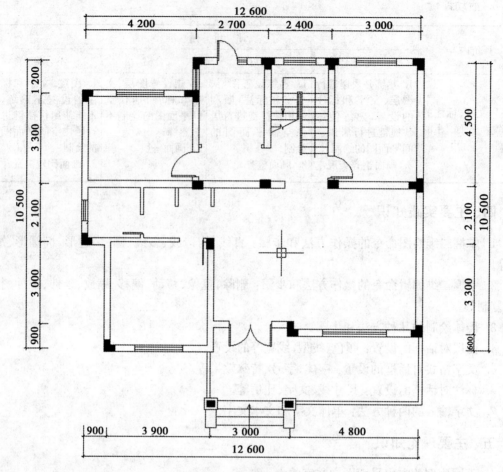

图 2-1 别墅平面施工图

一、绘制中轴线

在绘制墙体之前,先绘制中轴线,这样可以准确定位。

1. 启动 Auto CAD,系统自动新建一个图形文件。

2. 设置图形界线。单击格式菜单,选择图形界线命令,命令窗口显示:

指定左下角点或[开(ON)/关(OFF)]<0.0000,0.0000>: ✓ (回车)。

指定右上角点 <12.0000,9.0000>: 输入 42000,29700。✓ (回车)。

3. 单击视图面板,选择"全部缩放"按钮 🔍全图 ,全部缩放图形。

4. 新建中轴线层。单击图层面板中的"图层特性管理器"按钮 🖼 ,打开"图层特性管理器"对话框,单击"新建图层"按钮 🗹 ,在名称框中输入"中轴线",按"Enter"键确认。单击"颜色"图标 ■ 白 ,选择颜色 45 作为中轴线颜色,设置线型为出 center2,设置线型比例为 50,单击"置为当前"按钮 ✔ ,将"中轴线"层置为当前层,如图 2-2 所示。

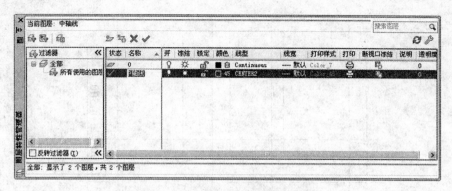

图 2-2　"图层特性管理器"对话框

5. 开启正交。单击状态栏中的"正交"按钮,开启正交模式,准备制作水平和垂直的直线。

6. 单击绘图面板上的"直线"按钮,在绘图区域绘制两条长度约为 20 000 并相互垂直的直线,如图 2-3 所示。

7. 单击修改面板上的"偏移"按钮,选择垂直方向的中轴线,连续向 X 轴正方向偏移 4 200、2 700、2 400、3 300。选择水平方向的中轴线,连续向 Y 轴正方向偏移 1 200、3 300、2 100、3 000、900。对偏移的中轴线进行夹点编辑(选择线段上的特征点,进行拉伸、旋转、复制、镜像等操作),得到的墙体结构如图 2-4 所示。

图 2-3　绘制中轴线

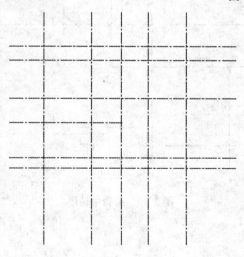

图 2-4　偏移中轴线(一)

8. 用相同的方法对其他的中轴线进行偏移或夹点的编辑,如图 2-5 所示,别墅室内平面图墙体位置就基本上确定下来了。

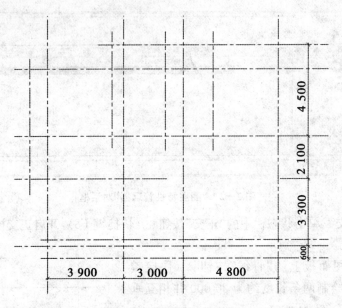

图 2-5　偏移中轴线(二)

9. 继续使用夹点编辑功能,对绘制的中轴线进行更为精确的编辑,大致轮廓与别墅室内平面图墙体相一致,以方便墙体的创建,如图 2-6 所示。

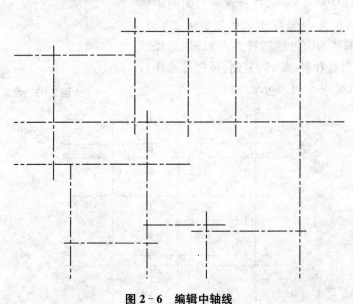

图 2-6　编辑中轴线

二、绘制墙体

室内设计施工图中的墙体一般用多线和多线编辑命令绘制,绘制多线时要设置多线样式。对于不复杂的墙体,可以用直线、多段线、偏移、修剪、夹点编辑等命令进行绘制。

1. 新建"墙体"图层,颜色设置为白色,将其置为当前层。

2. 单击"格式菜单"→"多线命令",在出现的多线样式对话框中单击"新建"按钮,打开"新建多线样式"对话框,输入样式名为"墙",单击"继续"按钮,出现如图 2-7 所示的对话框,在"图元"选项组中,修改偏移量分别为 120、−120,以创建 240 厚的墙体多线样式。将创建的多线样式置为当前样式。

图 2−7　"新建多线样式"对话框

3. 单击绘图菜单上的多线命令(快捷键 ML),设置"对正＝无",比例＝1,样式＝墙,捕捉交点,绘制如图 2−8 所示的别墅墙体。

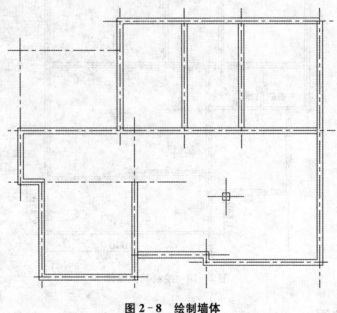

图 2−8　绘制墙体

4. 单击修改面板上的"分解"按钮 ⌷(快捷键 X),分解多线并修剪多余的线段,结果如图 2−9 所示。

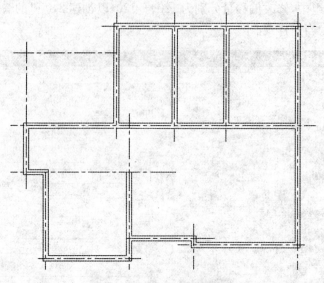

图2-9　分解并修剪墙体线条

5. 单击绘图面板上的"直线"按钮 ▨ (快捷键L)，绘制其他墙体，如图2-10所示。

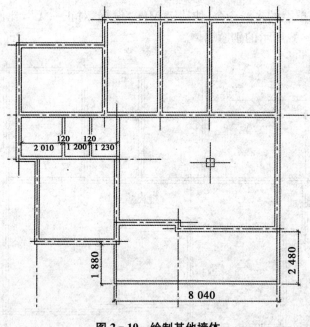

图2-10　绘制其他墙体

三、开门窗洞

下面以楼梯和厨房之间的墙体为例，讲解开门洞和窗洞的方法，其尺寸和位置如图2-11所示。

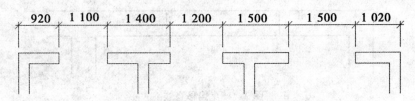

图 2 - 11　门洞和窗洞的尺寸及位置

1. 隐藏"中轴线"图层,以便修剪方便。

2. 单击绘图面板上的"直线"按钮 ✐(快捷键 L),捕捉墙体左上端点,然后水平向右移动光标,输入窗洞距离墙线的距离 920,按"空格"键,得到直线的第一个端点,如图 2 - 12 所示。

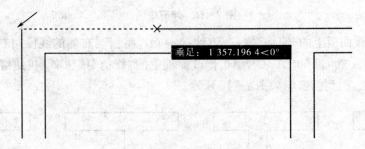

图 2 - 12　确定直线的第一个点

3. 垂直向下移动光标,捕捉并单击与下端墙线的垂足,确定直线的第二个点,如图 2 - 13 所示。

图 2 - 13　确定直线的第二个点

4. 绘制完成的垂直线段如图 2 - 14 所示。

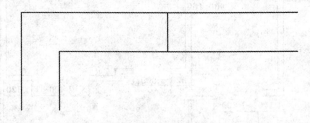

图 2 - 14　垂直线段

5. 单击修改面板上的"偏移"按钮 ✑(快捷键 O),将绘制的垂直线段向右偏移,窗洞的宽度为 1 100,得到窗洞右侧的直线,如图 2 - 15 所示。

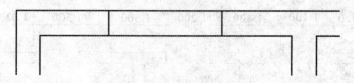

图 2 - 15　偏移直线

6. 单击修改面板上的"修剪"按钮 ⊬（快捷键 TR），修剪两线段之间的墙线，得到的窗洞如图 2 - 16 所示。

图 2 - 16　修剪墙线

7. 单击修改面板上的"偏移"按钮 ⊜（快捷键 O），将窗洞右侧的线段向右偏移 4 次，偏移数值为 1 400、1 200、1 500、1 500，单击修改面板上的"修剪"按钮 ⊬（快捷键 TR），修剪两线段之间的墙线，得到的窗洞如图 2 - 17 所示。

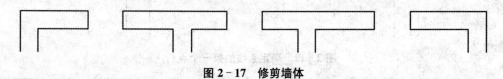

图 2 - 17　修剪墙体

8. 用相同的方法绘制其他窗洞与门洞，如图 2 - 18 所示。

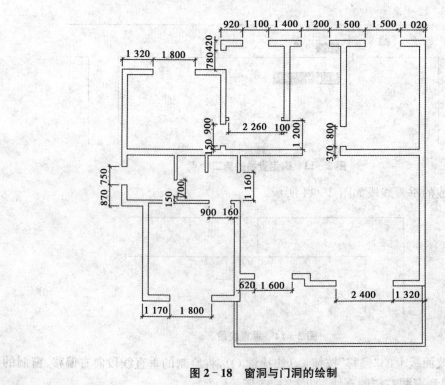

图 2 - 18　窗洞与门洞的绘制

四、绘制门窗

1. 绘制窗户

（1）新建"窗户"图层，设置颜色为 134，并置为当前图层。

（2）单击格式菜单，选择多线样式命令，弹出新建多线样式对话框，新建多线样式，命名为"窗户"，在"图元"选项组中，单击"添加"两次，修改图元偏移数值如图 2 - 19 所示。将该样式置为当前层。

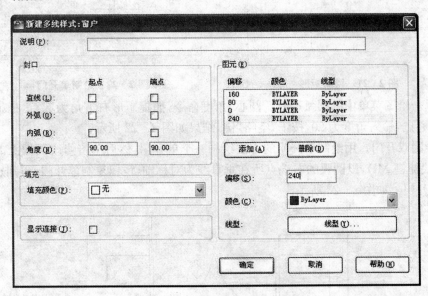

图 2 - 19　"新建多线样式"对话框

（3）用多线绘制窗户。单击绘图菜单上的多线命令（快捷键 ML），设置"对正＝下"，比例＝1，样式＝窗户，捕捉窗洞的端点，绘制如图 2 - 20 所示的别墅室内窗户。

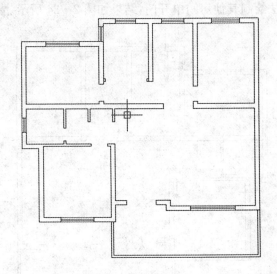

图 2 - 20　绘制窗户

2. 绘制门

（1）新建"门"图层，设置图层颜色为154，单击"置为当前"按钮，将"门"图层置为当前图层。

（2）绘制单开门。单击绘图面板上的"矩形"按钮▭（快捷键 REC），捕捉门洞墙线中点为第一点，输入（@800,40），绘制如图 2‑21 所示的矩形。

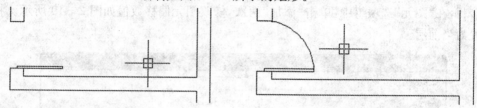

图 2‑21　绘制矩形　　　　　　　　　　　　图 2‑22　绘制单开门

3. 单击绘图菜单中的圆弧/起点、圆心、角度命令，捕捉矩形右下角为起点，捕捉矩形左下角为圆心点，输入角度为 90，按下"空格"键，结果如图 2‑22 所示。

4. 绘制双开门。用绘制单开门的方法绘制一个单开门，然后单击修改面板上的"镜像"按钮⚑（快捷键 MI），以圆弧的右端点所在垂直线为对称轴，镜像复制单开门，得到别墅门廊位置的双开门。如图 2‑23 所示。

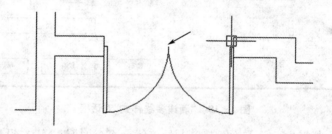

图 2‑23　绘制双开门

5. 使用相同的方法绘制其他房间单开门，结果如图 2‑24 所示。

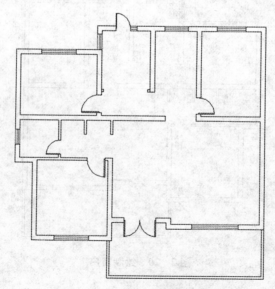

图 2‑24　别墅中门的绘制结果

五、绘制柱子

1. 新建"柱子"图层,设置颜色为白,并置为当前图层。

2. 单击绘图面板上的"直线"按钮 ✎（快捷键 L）,捕捉墙体左上端点,然后水平向右移动光标,输入柱子距离墙线的距离为 420,按"空格"键,得到直线的第一个端点,如图 2-25 所示。

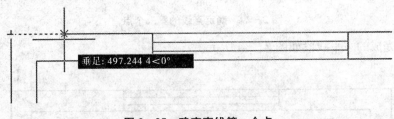

图 2-25 确定直线第一个点

3. 垂直向下移动光标,捕捉并单击与下端墙线的垂足,确定直线的第二个点,如图 2-26 所示。

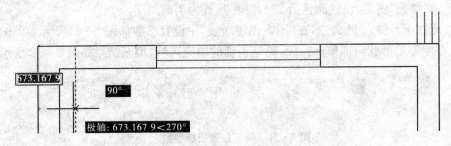

图 2-26 确定直线的第二个点

4. 绘制完成的垂直线段如图 2-27 所示。

图 2-27 完成垂直线段

5. 单击绘图面板上的直线按钮 ✎（快捷键 L）,捕捉墙体左上端点,然后垂直向下移动光标,输入柱子距离墙线的距离为 420,按"空格"键,得到直线的第一个端点,如图 2-28 所示。

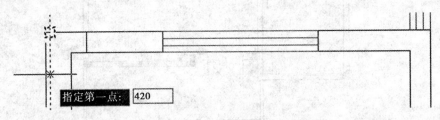

图 2-28 确定直线的第一个点

6. 水平向右移动光标,捕捉并单击与右侧墙线的垂足,确定直线的第二个点,如图 2-29 所示。

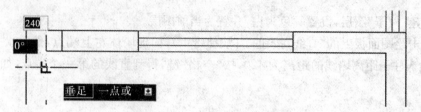

图 2-29 确定直线的第二个点

7. 绘制完成的水平线段如图 2-30 所示。

图 2-30 绘制完成的水平线段

8. 新建"填充"图层,设置颜色为 251,并将其置为当前图层。

9. 填充柱子。输入 H 命令,在"图案创建面板"中设置参数如图 2-31 所示,单击"拾取点"按钮,在绘制的形状内部单击鼠标,确定正确的填充区域,填充结果如图 2-32 所示。

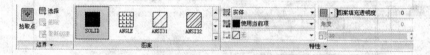

图 2-31 图案创建面板参数

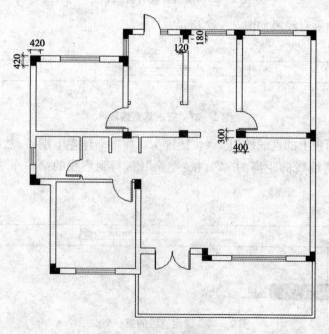

图 2-32 填充柱子

六、绘制楼梯

1. 新建"楼梯"图层,设置颜色为42,并置为当前图层。

2. 单击绘图面板上的"直线"按钮 / (快捷键 L),捕捉墙体左下端点,然后垂直方向上移动光标,输入门洞距离墙线的距离2 800,按"空格"键,得到直线的第一个端点,如图2-33所示。

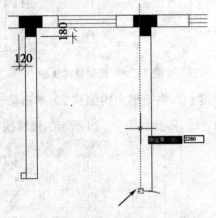
图2-33　确定直线的第一个点

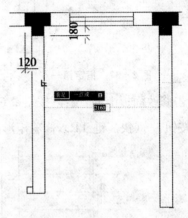
图2-34　确定直线的第二个点

3. 水平向左移动光标,捕捉并单击与左边墙线的垂足,确定直线的第二个点,如图2-34所示。

4. 绘制完成的水平线段如图2-35所示。

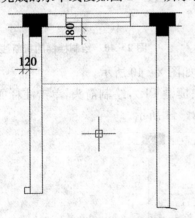

图2-35　绘制完成的水平线段

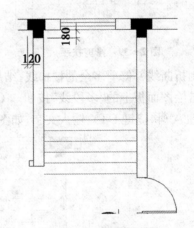
图2-36　偏移楼梯线

5. 单击修改面板上的"偏移"按钮 (快捷键 O),将绘制的水平线段向下偏移243,得到楼梯线,重复偏移9次,结果如图2-36所示。

6. 绘制楼梯扶手。单击绘图面板上的"矩形"按钮 □ (快捷键 REC),按住"Shift"键,右击鼠标,选择"自",单击如图2-38所示的点,输入相对坐标(@-1 000,40)确定矩形的第一点,输入相对坐标(@-160,2 290),按"空格"键,绘制得到如图2-38所示的矩形。

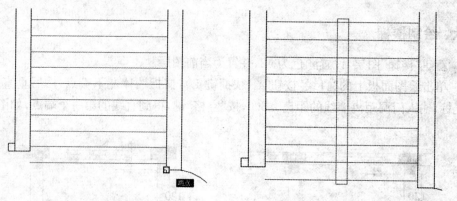

图 2‐37　指定第一点　　　　　　　　　图 2‐38　绘制楼梯扶手

7. 单击修改面板上的"偏移"按钮 （快捷键 O），将矩形向内偏移 50，单击修改面板上的"修剪"按钮 （快捷键 TR），修剪矩形内的直线，得到如图 2‐39 所示的楼梯扶手。

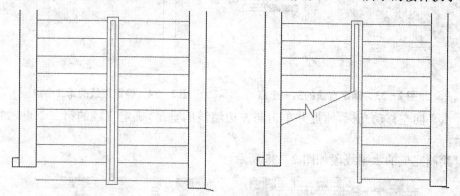

图 2‐39　修剪扶手　　　　　　　　　图 2‐40　绘制楼梯的折断线

8. 绘制折断线并修剪多余的楼梯线，结果如图 2‐40 所示。

9. 单击绘图面板上的"多段线"按钮 （快捷键 PL），绘制箭头，单击注释面板上的"单行文字"按钮 （快捷键 DT），输入文字，如图 2‐41 所示。

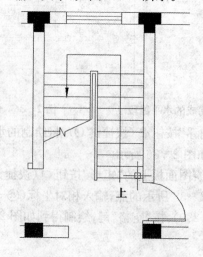

图 2‐41　绘制箭头和文字

七、绘制门廊台阶

1. 取消中轴线层的隐藏。单击绘图面板上的"矩形"按钮▭（快捷键REC），捕捉门廊左下角为第一点，输入（3 000，－300），按"空格"键，完成矩形的绘制，垂直向下复制2个矩形，如图2－42所示。

图2－42　绘制门廊台阶

2. 单击绘图面板上的"矩形"按钮▭（快捷键REC），在绘图窗口绘制500×440的矩形，输入O命令，将绘制的矩形向内偏移100，得到柱子矩形，输入H命令，对柱子进行图案填充，结果如图2－43所示。

3. 单击绘图面板上的"矩形"按钮▭（快捷键REC），以大矩形左下角端点为第一点，用光标指引X轴正方向，输入50，确定矩形的第一点，再输入（@400，－660），按下"空格"键，确定矩形的第二个点，如图2－44所示。

图2－43　绘制矩形

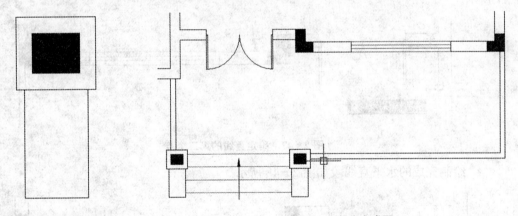

图2－44　绘制台阶边墙　　　　　　图2－45　台阶完成图

4. 将台阶边墙移动、复制、修剪后，得到如图2－45所示的图形。

模块二　绘制别墅室内地面布置图

室内地面是人们接触最频繁的地方，在人的视线中所占的比例也仅次于墙面，室内地面的装修具有美化环境、改善居住条件的作用。地面是室内设计与装饰的又一重要部位之一。在进行地面装饰材料的选择及设计时，要考虑到地面既要牢固、耐磨、耐腐、防滑，又要美观，且要与房间整体装饰协调一致。

一、绘制门廊地面

1. 设置"填充"层为当前层。

2. 单击绘图面板上的"直线"按钮 ⁄（快捷键 L），捕捉门廊右上角柱子端点，然后垂直向下移动光标，输入距离 400，按"空格"键，得到直线的第一个端点，如图 2-46 所示。

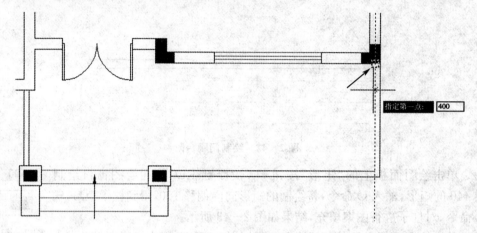

图 2-46　确定直线的第一个点

3. 水平向左移动光标，捕捉并单击与左边墙线的垂足，确定直线的第二个点，如图 2-47 所示。

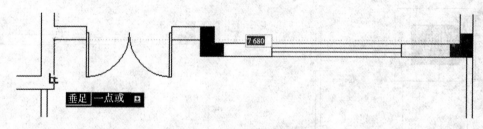

图 2-47　确定直线的第二个点

4. 绘制完成的水平直线段如图 2-48 所示。

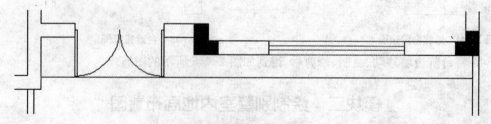

图 2-48　绘制完成的直线

5. 单击修改面板上的"偏移"按钮 ⚏（快捷键 O），将绘制的水平直线段向下偏移 400，得到门廊地面布置线，重复偏移 4 次，选择刚刚绘制的直线，向上偏移 1 次，结果如图 2-49 所示。

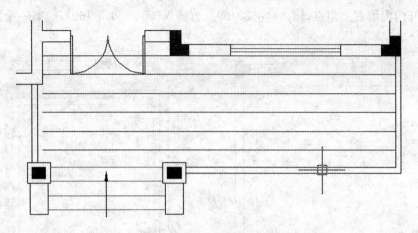

图 2‑49　门廊地面布置线

6. 用同样的方法绘制门廊垂直地面布置线,偏移距离为 800,运用延伸、修剪等命令,绘制结果如图 2‑50 所示。

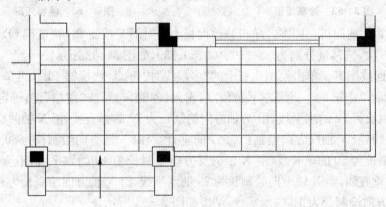

图 2‑50　门廊地面绘制结果

7. 用矩形命令绘制双开门的墙体的矩形。

8. 将当前的填充颜色设为索引号为 93 的颜色。

9. 输入 H 命令,选择"AR‑CONC"填充图案,填充图案比例设置为 1,填充结果如图 2‑51所示。

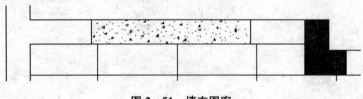

图 2‑51　填充图案

二、绘制客厅地面拼花

1. 将当前填充的图层颜色变为红色。

2. 单击绘图面板上的"矩形"按钮□(快捷键 REC),再单击鼠标右键,选择"自",然后单击客厅双开门内墙右上角点,输入((@530,50),再输入((@4 460,4 460),绘制一个矩形,如图2-52所示。

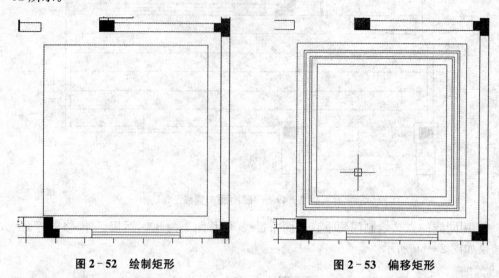

图2-52　绘制矩形　　　　　　　　　　图2-53　偏移矩形

3. 绘制客厅地面拼花图案。单击修改面板上的"偏移"按钮 （快捷键O）,将绘制的矩形向内偏移5次,偏移量分别为180、50、100、50、150,如图2-53所示。

4. 绘制回纹图案。单击绘图面板上的"多段线"按钮 （快捷键PL）,再单击鼠标右键,选择"自",然后单击第三个矩形左下角角点,输入((@80,14),按"空格"键,确定第一点。沿X轴方向绘制长为72的水平线,沿Y轴方向绘制长为72的垂直线,沿X轴的反方向绘制长为61的水平线,沿Y轴反方向绘制长为61的垂直线,沿X轴方向绘制长为50的水平线,沿Y轴方向绘制长为50的垂直线,沿X轴的反方向绘制长为40的水平线,沿Y轴反方向绘制长为39的垂直线,沿X轴方向绘制长为29的水平线,沿Y轴方向绘制长为28的垂直线,沿X轴的反方向绘制长为18的水平线,结果如图2-54所示。

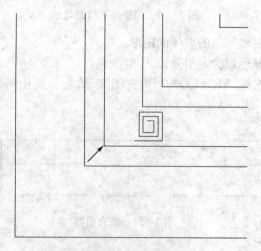

图2-54　绘制回纹图案

5. 单击修改面板上的"镜像"按钮 （快捷键MI）,将回纹图案水平镜像1次,垂直镜像1次,移动位置后结果如图2-55所示。

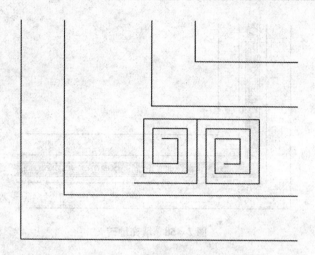

图 2-55 镜像回纹图案

6. 运用复制、镜像、旋转等命令，完成客厅回纹图案绘制，结果如图 2-56 所示。

图 2-56 完成后的客厅回纹图案

7. 填充图案表现地砖材质。输入 H 命令，在"图案创建面板"中设置参数如图 2-57 所示，单击"拾取点"按钮，在绘制的形状内部单击鼠标，确定正确的填充区域，填充结果如图 2-58 所示。

图 2-57 图案填充创建面板参数

57

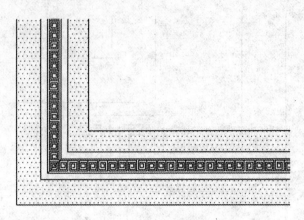

图 2‑58　填充地砖

三、绘制客厅走道地面拼花

1. 单击绘图面板上的"矩形"按钮 □（快捷键 REC），再单击鼠标右键，选择"自"，然后单击客厅双开门内墙左角点，输入（@520,390），再输入（@1 720,4 120），绘制一个矩形，结果如图 2‑59 所示。

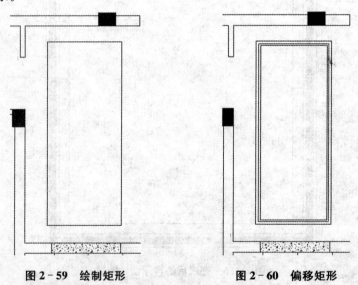

图 2‑59　绘制矩形　　　　　　　　图 2‑60　偏移矩形

2. 单击修改面板上的"偏移"按钮 ⬳（快捷键 O），将绘制的矩形向内偏移 2 次，偏移量分别为 60、40，如图 2‑60 所示。

3. 填充图案表现地砖材质。输入 H 命令，在"图案创建面板"中设置参数如图 2‑61 所示，单击"拾取点"按钮，在绘制的形状内部单击鼠标，确定正确的填充区域，填充结果如图 2‑62 所示。

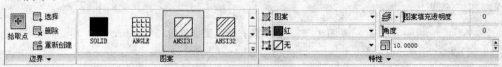

图 2‑61　图案填充创建面板参数

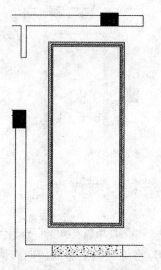

图 2-62　填充地砖外拼花　　　　　　**图 2-63　填充地砖内拼花**

4. 输入 H 命令,在"图案创建面板"中设置参数,如图 2-64 所示,单击"拾取点"按钮,在绘制的形状内部单击鼠标,确定正确的填充区域,填充结果如图 2-63 所示。

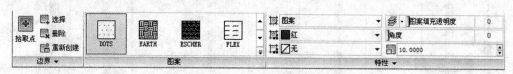

图 2-64　图案填充创建面板参数

5. 绘制客厅方地砖。单击绘图面板上的"直线"按钮 ╱ (快捷键 L),捕捉大门墙左下角端点,然后水平向右移动光标,输入距离 520,按"空格"键,确定直线的第一个端点,如图 2-65 所示。

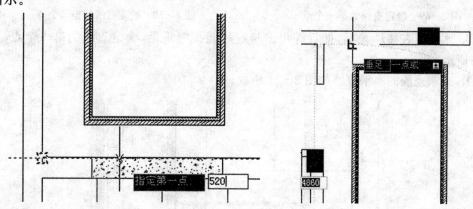

图 2-65　确定直线的第一个点　　　　**图 2-66　确定直线的第二个点**

6. 垂直向上移动光标,捕捉并单击与上边墙线的垂足,确定直线的第二个点,如图 2-66 所示。

7. 绘制完成的垂直线段如图 2-67 所示。

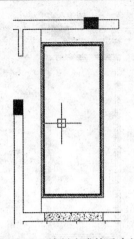

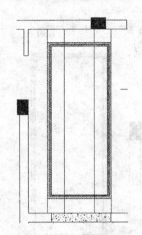

图 2‐67　绘制完成的垂直线段　　　　　图 2‐68　客厅地面方地砖布置线(一)

8. 单击修改面板上的"偏移"按钮⇔(快捷键 O),将绘制的垂直线段向右偏移 460、800、460,得到客厅地面方地砖布置线。结果如图 2‐68 所示。

9. 单击绘图面板上的"直线"按钮▭(快捷键 L),捕捉大门墙左下角端点,然后垂直向上移动光标,输入距离 850,按"空格"键,得到直线的第一个端点,如图 2‐69 所示。

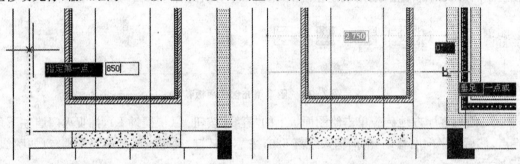

图 2‐69　确定直线的第一个点　　　　　图 2‐70　确定直线的第二个点

10. 水平向右移动光标,捕捉并单击与右边墙线的垂足,确定直线的第二个点,如图 2‐70 所示。

11. 绘制完成的水平直线如图 2‐71 所示。

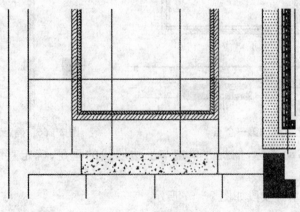

图 2‐71　水平直线

12. 单击修改面板上的"偏移"按钮 ⟆ (快捷键 O),将绘制的水平直线段向上偏移 800,多次偏移 800 后,得到客厅地面方地砖布置线,结果如图 2-72 所示。

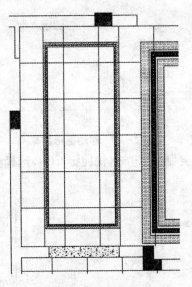

图 2-72　客厅地面方地砖布置线(二)

13. 绘制地砖菱形拼花。单击绘图面板上的"矩形"按钮 ▢ (快捷键 REC),单击绘图区任意位置确定第一个角点,输入(@60,60),绘制一个矩形。

14. 单击修改面板上的"旋转"按钮 ○ (快捷键 RO),以矩形的中心点为基点,旋转 45°。

15. 输入 H 命令,在"图案创建面板"中设置参数,如图 2-73 所示,单击"拾取点"按钮,在绘制的形状内部单击鼠标,确定正确的填充区域,填充结果如图 2-74 所示。

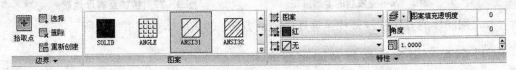

图 2-73　图案填充创建面板参数

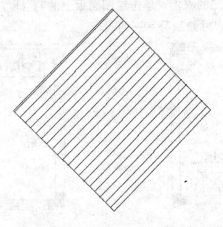

图 2-74　填充矩形图案

16. 选择菱形拼花地砖,捕捉菱形拼花地砖的中心点,移动菱形拼花地砖到方砖交点的位置,如图2-75所示。

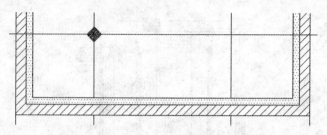

图2-75 移动菱形拼花

17. 单击修改面板上的"复制"按钮 （快捷键CO）,选择菱形拼花,捕捉中心点,复制完成菱形拼花,如图2-76所示。

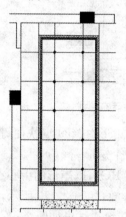

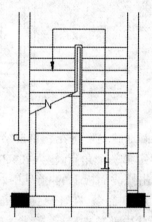

图2-76 完成后的菱形拼花　　　　图2-77 楼梯至客厅地砖

18. 用同样的方法绘制楼梯至客厅的地面方砖800×800,如图2-77所示。

四、绘制别墅室内家具及墙面装饰

1. 新建"家具"图层,颜色设置为102,将其置为当前层。

2. 绘制卧室一和卧室二的衣柜。单击绘图面板上的"直线"按钮 （快捷键L）,根据如图2-78、图2-79所示的尺寸绘制卧室一的衣柜。

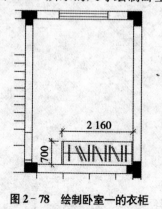

图2-78 绘制卧室一的衣柜　　　　图2-79 绘制卧室二的衣柜

3. 绘制卫生间柜。单击绘图面板上的"直线"按钮 （快捷键 L），根据如图 2-80 所示的尺寸绘制卫生间柜。

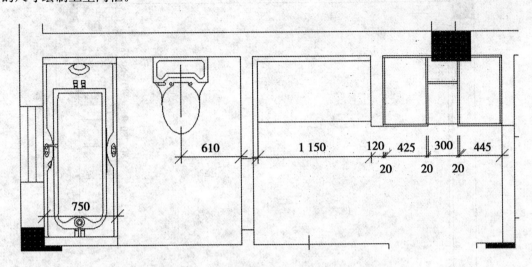

图 2-80 绘制卫生间柜

4. 绘制厨房柜。单击绘图面板上的"直线"按钮 （快捷键 L），根据如图 2-81 所示的尺寸绘制厨房柜。

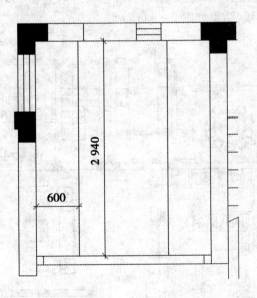

图 2-81 绘制厨房柜

5. 绘制餐厅装饰。单击绘图面板上的"直线"按钮 （快捷键 L），根据如图 2-82 所示的尺寸绘制餐厅装饰。

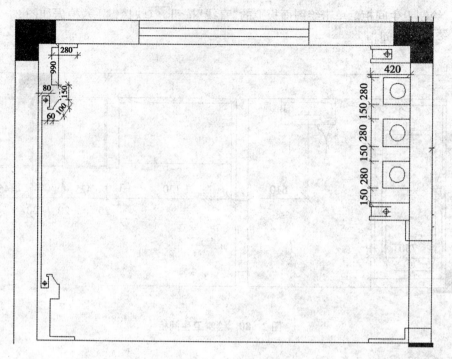

图 2－82　绘制餐厅装饰

6. 绘制家具。新建图层,命名为"家具",颜色设为索引号 102,并将其置为当前层。插入相应的家具平面图图块,结果如图 2－83 所示。

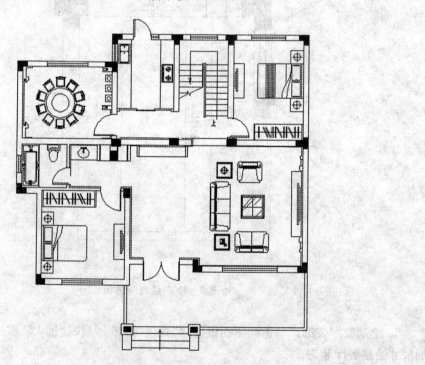

图 2－83　家具插入结果

五、绘制其他地面

1. 绘制卧室木地板。输入 H 命令，在"图案创建面板"中设置参数如图 2 - 84 所示，单击"拾取点"按钮，在卧室内部单击鼠标，确定正确的填充区域，填充结果如图 2 - 85 所示。

图 2 - 84　图案填充创建面板参数

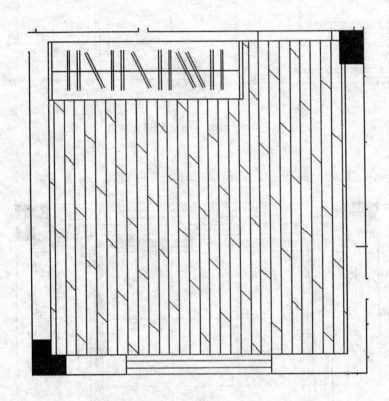

图 2 - 85　填充矩形图案

2. 单击绘图面板上的"图案填充"按钮（快捷键 H），在"图案创建面板"中设置参数如图 2 - 86 所示，单击"拾取点"按钮，在厨房及卫生间内部单击鼠标，确定正确的填充区域，填充结果如图 2 - 87 所示。

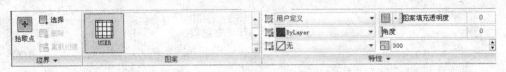

图 2 - 86　图案填充创建面板参数

65

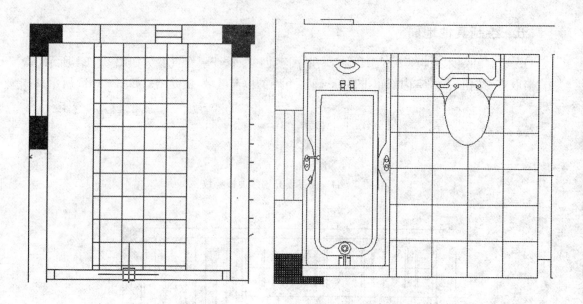

图 2－87　厨房、卫生间的填充结果

3. 用相同的方法填充餐厅的地面,结果如图 2－88 所示。

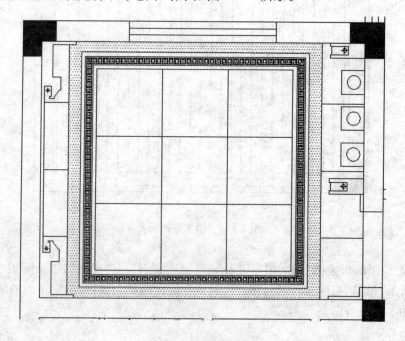

图 2－88　餐厅填充结果

4. 最终效果如图 2－89 所示。

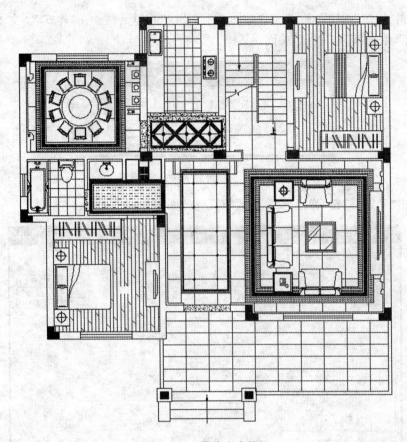

图 2－89　最终完成效果

六、文本输入

1. 设置文字样式。在功能区中的"常用"选项卡下的"注释"面板上，单击"文字样式"按钮 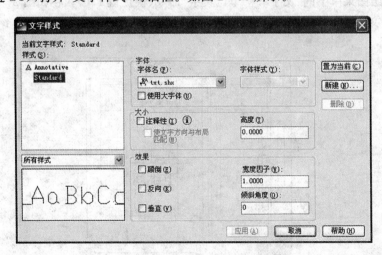（快捷键 ST），打开"文字样式"对话框。如图 2－90 所示。

图 2－90　"文字样式"对话框

2. 单击"新建"按钮 新建(N)... ，出现如图2-91所示的对话框。在"样式名"文本框中输入"别墅字体"，单击"确定"按钮，关闭对话框。

图2-91 "新建文字样式"对话框

3. 单击"确定"按钮，弹出"文字样式"对话框，如图2-92所示。

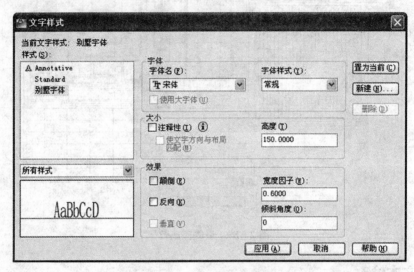

图2-92 "文字样式"对话框

4. 输入单行文字。新建"文本标注"图层，设置颜色为"白色"，将其置为当前层。

5. 单击绘图菜单下的"文字"→"单行文字"命令（快捷键DT）。在如图2-93所示的区域单击，指定文字的起点。当光标闪烁时，输入"卫生间"。按两次"Enter"键，结束单行文字输入命令。

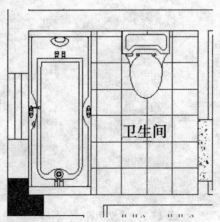

图2-93 输入单行文字

6. 用同样的方法标注别墅施工图文字,结果如图 2 - 94 所示。

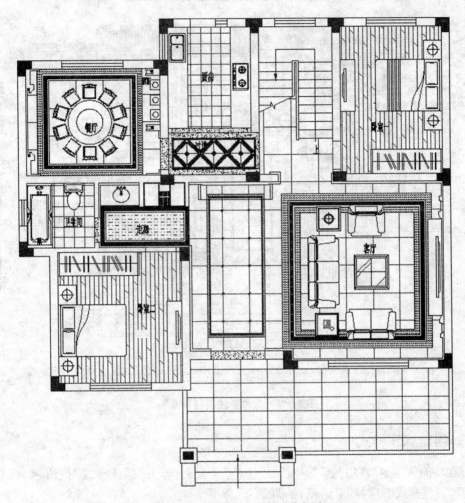

图 2 - 94　别墅施工图的文字标注

模块三　别墅施工图的尺寸标注

尺寸标注是别墅施工图设计中的一项重要内容。尺寸标注能准确无误地反映物体的大小和相互位置关系。Auto CAD 提供了一套完整的尺寸标注系统变量,利用尺寸标注命令,可以方便、快速地标注出图样中各种方向、形式的尺寸。

在 Auto CAD 系统设置了多种标注样式,在诸多样式中有些样式比较接近我国的标注习惯(如 ISO - 25、ISO - 35 标注样式),但仍然需对这些标注样式进行修改才能完全符合中国的制图国家标准。因此,在标注尺寸前先要对尺寸标注样式进行设置。

下面通过为绘制别墅的平面图进行尺寸标注,来讲解尺寸标注的方法。标注完成后的平面图如图 2 - 95 所示。

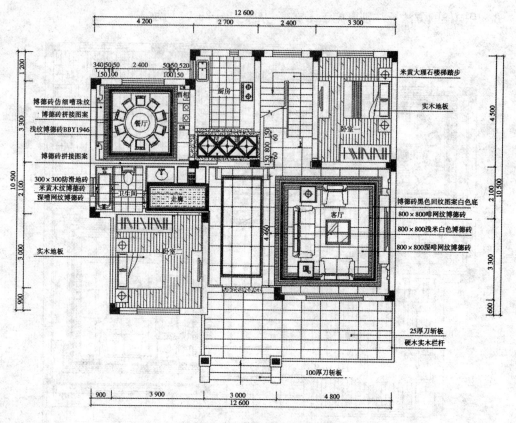

图 2-95 尺寸标注别墅平面图

一、创建标注样式

1. 在功能区中的"常用"选项卡下的"注释"面板上,单击"标注样式"按钮![图标],(快捷键D),打开"标注样式管理器"对话框,如图 2-96 所示。

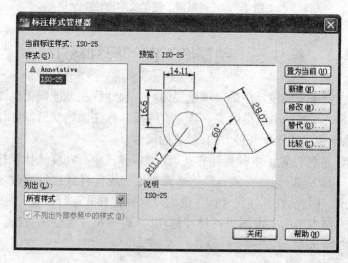

图 2-96 "标注样式管理器"对话框

2. 单击"新建"按钮 新建(N)... ，打开"创建新标注样式"对话框。输入新样式名为"平面图"，基础样式为 ISO - 25，如图 2 - 97 所示。

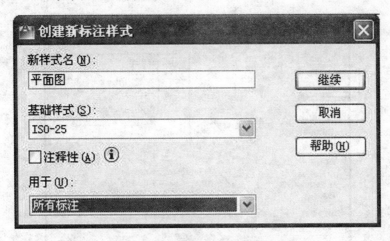

图 2 - 97　"创建新标注样式"对话框

3. 单击"继续"按钮，打开"新建标注样式：平面图"对话框。

4. 单击"线"选项卡，将"尺寸线"选项组中的"超出标记"设置为 1；"尺寸界线"选项组中的"超出尺寸线"设置为 1，将"起点偏移量"设置为 2，如图 2 - 98 所示。

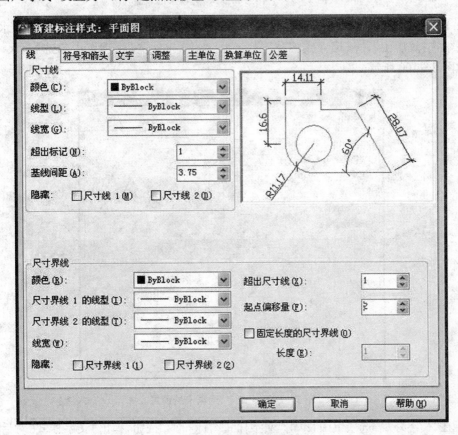

图 2 - 98　"线"选项卡的设置

5. 单击"符号和箭头"选项卡,在"箭头"选项组中,将箭头样式设为"建筑标记",将引线样式设置为小点;箭头大小为2.5,如图2-99所示。

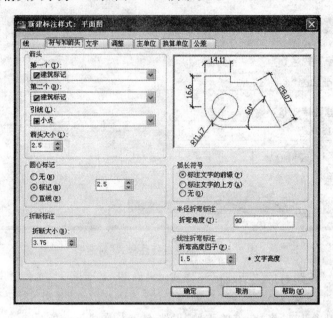

图2-99 "符号和箭头"选项卡的设置

6. 单击"文字"选项卡,在"文字位置"选项组的"垂直"下拉列表中选择"上","水平"下拉列表中选择"居中","从尺寸线偏移"设为1。在"文字对齐"选项组中勾选"与尺寸线对齐",如图2-100所示。

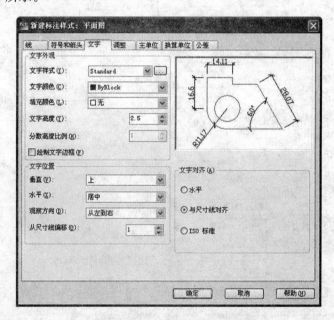

图2-100 "文字"选项卡的设置

7. 在"文字外观"选项组中,单击"文字样式"右侧的◻◻按钮,弹出"文字样式"对话框,在该对话框中的"字体"选项组中的"字体名"下拉菜单中选择"宋体","效果"选项组中的"宽度因子"设置为 0.7。将其置为当前,如图 2－101 所示。单击"关闭"按钮,返回到"新建标注样式"对话框,设置文字高度为 2.5。

图 2－101　"文字样式"对话框

8. 单击"调整"选项卡,在"调整选项"选项组中选择"文字始终保持在尺寸界线之间";在"文字位置"选项组中选择"尺寸线上方,不带引线",在"标签特征比例"选项组中选择"使用全局比例",使用全局比例为 60,如图 2－102 所示。

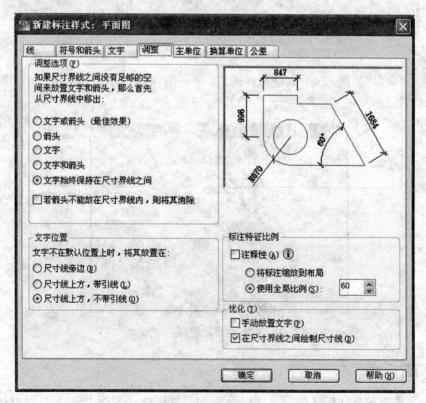

图 2－102　"调整"选项卡的设置

9. 单击"主单位"选项卡,在"线性标注"选项组中将精度设置为0,如图2-103所示。

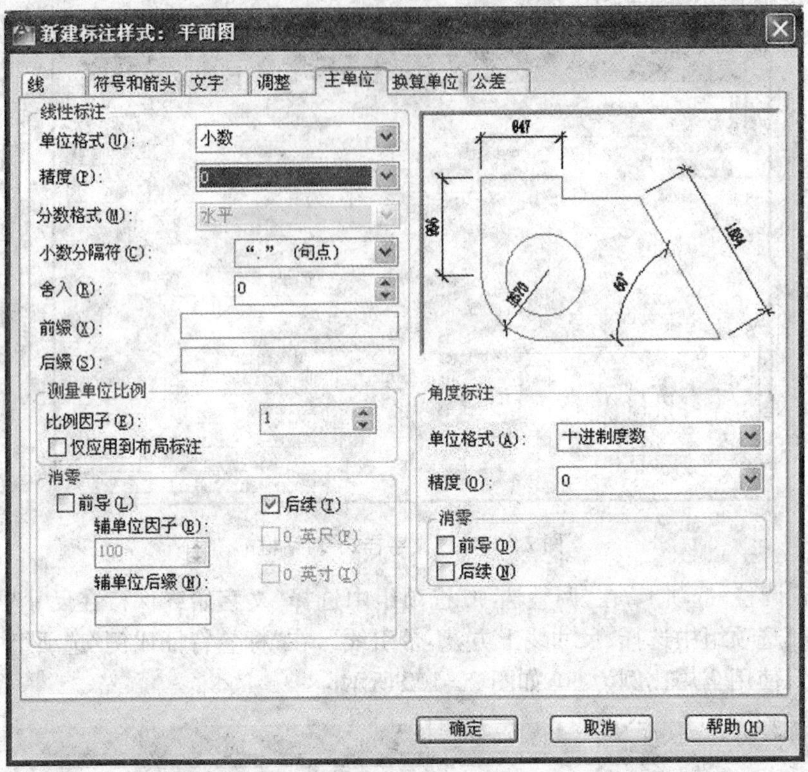

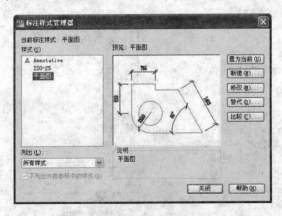

图2-103 "主单位"选项卡的设置

10. 单击"确定"按钮,关闭"新建标注样式:平面图"对话框。在"标注样式管理器"中单击"置为当前"按钮,如图2-104所示。

图2-104 "标注样式管理器"对话框

二、别墅尺寸标注

设置好平面图的标注样式后,下面通过对别墅平面图标注实例来学习具体的标注方法,包括直线标注、对齐标注、引线标注等内容。

（一）对墙体创建标注

1. 取消对"中轴线"图层的隐藏，对墙体中心位置进行标注。

2. 新建"尺寸标注"图层，颜色设置为"白色"，将该图层置为当前图层。

3. 在功能区中的"常用"选项卡下的"注释"面板上，单击"线性"按钮⊢（快捷键 Dli），打开"对象捕捉"功能，单击如图 2－105 所示位置，确定两条尺寸界线的原点，移动光标指定尺寸线位置，结果如图 2－106 所示。

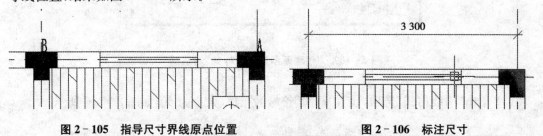

图 2－105　指导尺寸界线原点位置　　　　　　图 2－106　标注尺寸

4. 在"注释"菜单中，单击"连续"按钮⊢⊢（快捷键 Dco），单击如图 2－107 所示位置，指定为第二条尺寸界线原点。

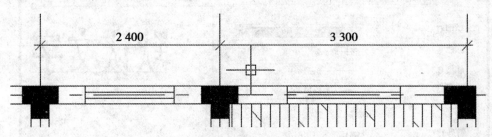

图 2－107　连续标注

5. 用同样的方法完成其他标注，如图 2－108 所示。

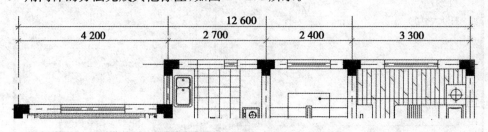

图 2－108　完成后的别墅尺寸标注图

（二）创建引线标注

1. 创建多重引线样式

（1）将"尺寸标注"图层设置为当前层。

（2）在"注释"面板中，单击"多重引线样式"按钮（快捷键 Mls），打开"多重引线样式管理器"对话框，单击"新建"按钮，打开"创建新多重引线样式"对话框，输入"新样式名"为"引线 1"，如图 2－109 所示，单击"继续"按钮，将弹出"修改多重引线样式"对话框。

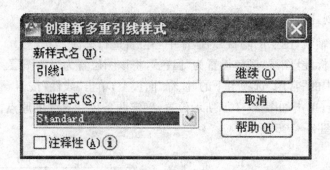

图 2-109 "创建新多重引线样式"对话框

(3) 单击"引线格式"选项,设置"箭头"符号为"点",大小为 60,如图 2-110 所示。

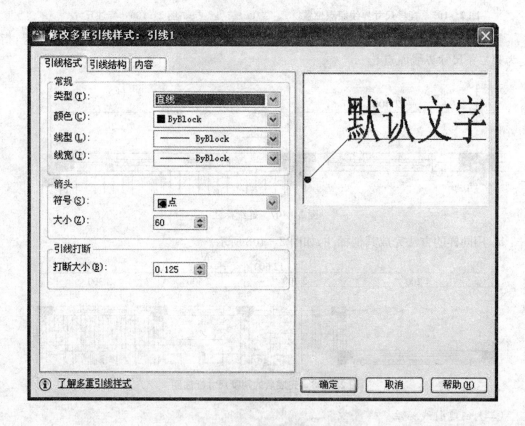

图 2-110 "修改多重引线样式"对话框

(4) 单击"内容"选项,设置文字高度为160;在"引线连接"选项组中的"连接位置—左:"和"连接位置—右"的下拉列表中均选择"第一行加下划线"选项,如图 2-111 所示。

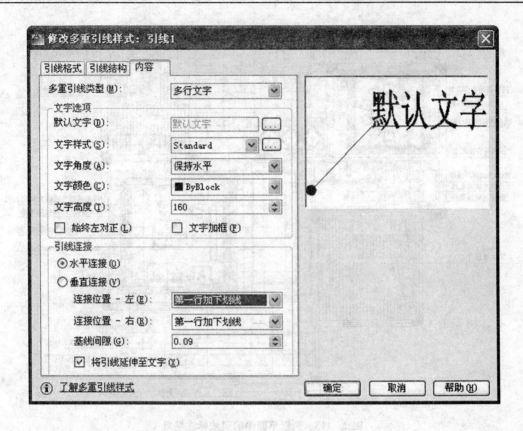

图 2－111　"内容"选项卡

（5）单击"确定"按钮，关闭"修改多重引线样式：引线 1"对话框。在"标注样式管理器"对话框中单击"置为当前"按钮，关闭对话框。

2．创建引线标注

（1）在功能区中的"常用"选项卡下的"注释"面板上，单击"多重引线" $\nearrow$ 按钮，（快捷键 Mld），在绘图区指定引线箭头和引线基线的位置，并输入文字"实木地板"，如图 2－112 所示。

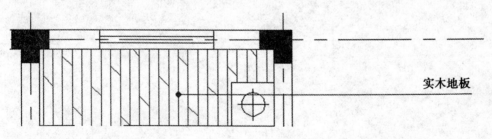

实木地板

图 2－112　多重引线标注结果

（2）用同样的方法完成其他引线标注，如图 2－113 所示。

77

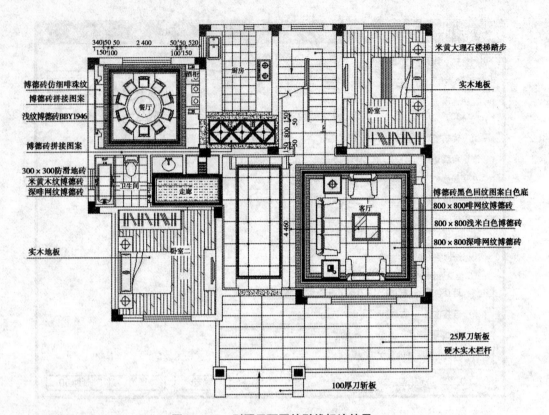

图 2 - 113　别墅平面图的引线标注结果

项目训练三
别墅立面施工图的绘制

第一部分　绘制别墅立面施工图的目标任务及活动设计

一、教学目标

最终目标：能熟练运用 CAD 软件绘制别墅立面图。

促成目标：1. 熟悉 CAD 软件的操作。

2. 掌握绘制的流程与技巧。

3. 掌握立面图中表现装饰墙、立面柜等的要求。

二、工作任务

1. 练习立面图的绘制。

2. 掌握立面造型的表达方法。

三、活动设计

1. 活动内容：熟练操作 CAD 软件绘制别墅立面图。

2. 活动组织

序号	活动项目	具体实施	课时	课程资源
1	以多媒体教学形式演示立面图的绘制方法	教师以多媒体演示的形式让学生直观地接受和理解立面造型的绘制方法：墙体框架、家具、造型起伏、材料、文字尺寸等	1	
2	学生练习立面图绘制	摹绘立面图绘制，掌握绘制的步骤与表达要求，练习墙体框架、家具、造型起伏、材料、文字尺寸等，使用快捷键	1	

3. 活动评价

评价内容	评 价 标 准			
	优秀	良好	合格	不合格
立面图的绘制	熟练使用快捷键快速绘制立面图；画面整齐美观	熟练使用快捷键绘制立面图；画面整齐	能使用快捷键绘制立面图；画面效果一般	绘制立面图时速度慢，不能使用快捷键；画面混乱

四、主要实践知识

1. 立面图的绘制流程。
2. 墙体、家具、造型起伏、材料、文字等的绘制。
3. 快捷键的使用。

五、主要理论知识

1. 立面图是室内整体效果中最体现风格的方面。
2. 立面图的比例要适当地比平面图小一些，因为立面图的范围较小。

第二部分 绘制别墅立面施工图的项目内容

立面是人在空间环境中关注得最多的地方，立面设计的风格对整个空间风格的形成具有举足轻重的作用。立面图还体现了空间环境中众多的设计细节。如墙面装饰的特点，墙面材料的交汇和收口方式，家具的立面形象，门、窗、楼梯、隔断等建筑构件的设计风格以及灯具、电器等的开关、插座等在立面上位置的安排。

模块一 绘制客厅电视背景墙立面图

一、绘制墙面装饰

1. 将"墙体"图层置为当前层。在功能区中的"常用"选项卡下的"绘图"面板上，单击"直线"按钮 （快捷键 L），在绘图窗口任意位置，垂直方向绘制墙线，长度为 3 300。

2. 单击修改面板上的"偏移"按钮 （快捷键 O），选择墙线，连续向 X 轴正方向偏移240、5 160、240。捕捉墙线的左上角端点和右上角端点，连接上部墙线和下部地线，如图3-1所示。

图 3-1　绘制立面墙线

3. 单击绘图面板上的"直线"按钮 ✐ (快捷键 L),捕捉墙体左下端点,然后水平向右移动光标,输入距离墙线为 50,按"空格"键,确定直线的第一个端点,如图 3-2 所示。

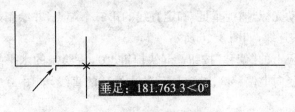

垂足: 181.763 3<0°

图 3-2　确定直线的第一点

4. 打开正交模式,垂直向上移动光标,输入距离为 2 740,按"空格"键,确定直线的第二个端点,如图 3-3 所示。

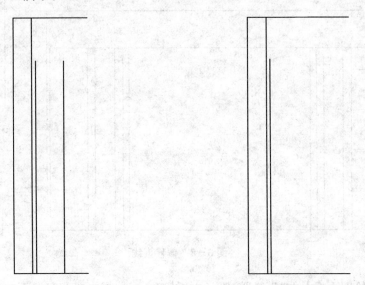

图 3-3　确定直线的第二个点　　　　图 3-4　偏移木纹砖第二条直线

5. 单击修改面板上的"偏移"按钮 ⟳ (快捷键 O),将绘制的垂直线段向右偏移木纹砖的宽度为 390,得到木纹砖右侧的直线,如图 3-4 所示。

81

6. 单击绘图面板上的"直线"按钮／（快捷键 L），捕捉木纹砖左下端点，然后垂直向上移动光标，输入距离墙线为 600，按"空格"键，确定直线的第一个端点，如图 3-5 所示。

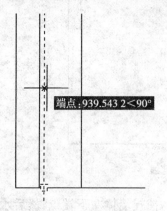

端点：939.543 2<90°

图 3-5　确定直线的第一个点

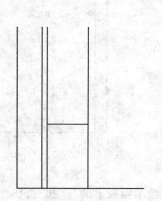

图 3-6　连接第一个点与第二个点

7. 水平向右移动光标，捕捉垂足，确定直线的第二个端点，并绘制第一个点与第二个点的连线，如图 3-6 所示。

8. 单击修改面板上的"偏移"按钮（快捷键 O），将绘制的水平线段向上偏移 600，重复向上偏移 3 次，完成后的木纹砖的直线，如图 3-7 所示。

9. 单击修改面板上的"偏移"按钮（快捷键 O），将左墙右侧的线段向右偏移 11 次，偏移数值为 120、300、120、100、2 800、100、120、300、120、590，连接直线，结果如图 3-8 所示。

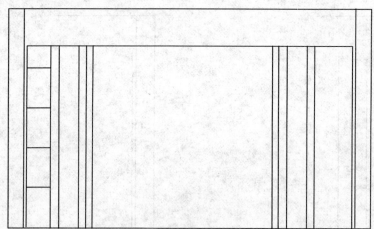

图 3-7　绘制木纹砖

图 3-8　偏移直线

10. 单击绘图面板上的"直线"按钮／（快捷键 L），捕捉中式花窗右下端点，然后垂直方向上移动光标，输入距离 120，按"空格"键，得到直线的第一个端点，如图 3-9 所示。

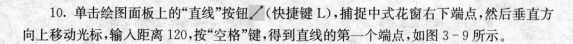

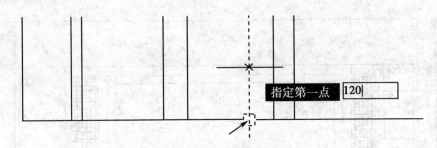

图 3-9　确定直线的第一个点

11. 水平向左移动光标，捕捉并单击左边中式花窗的垂足，确定直线的第二个端点，绘制完成的水平线段如图 3-10 所示。

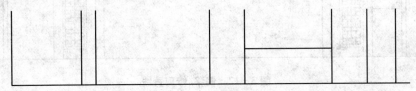

图 3-10　绘制直线

12. 用同样的方法绘制其他三条直线和中式花窗，结果如图 3-11 所示。

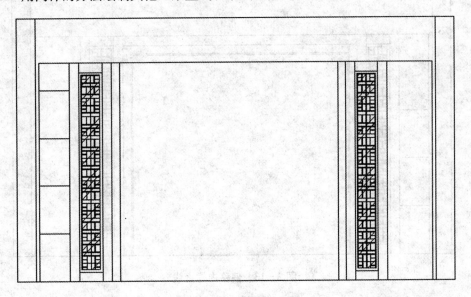

图 3-11　绘制中式花窗

13. 单击修改面板上的"偏移"按钮 （快捷键 O），将电视背景墙上部的直线向下偏移 120、100，修剪多余的线段，然后绘制对角线，结果如图 3-12 所示。

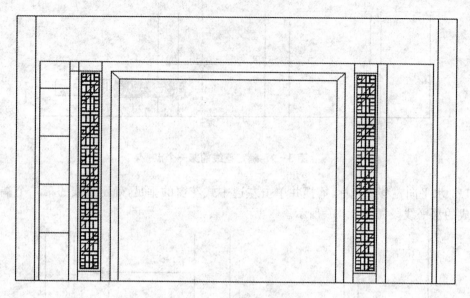

图 3 - 12　偏移、修剪直线

14. 用同样的方法向内框偏移直线，数量为 20，偏移修剪后的结果如图 3 - 13 所示。

图 3 - 13　偏移内框直线

二、绘制电视柜

1. 单击绘图面板上的"直线"按钮 ╱（快捷键 L），捕捉内框线左下端点，然后垂直向上移动光标，输入距离 350，按"空格"键，确定第一个点，水平向右，捕捉垂足，在两条内框之间绘制一条直线，如图 3 - 14 所示。

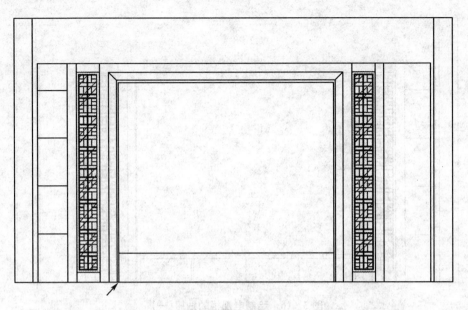

图 3‑14　绘制直线

2. 单击修改面板上的"偏移"按钮 （快捷键 O），将电视柜线段向内偏移 40，单击修改面板上的"修剪"按钮 （快捷键 TR），修剪多余线段，如图 3‑15 所示。

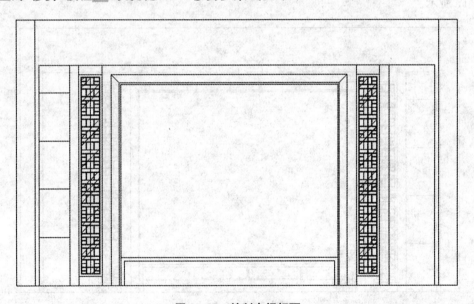

图 3‑15　绘制电视柜面

3. 单击修改面板上的"偏移"按钮 （快捷键 O），将电视柜左侧的线段向右偏移 6 次，偏移数值为 655、20、655、20、655、20，结果如图 3‑16 所示。

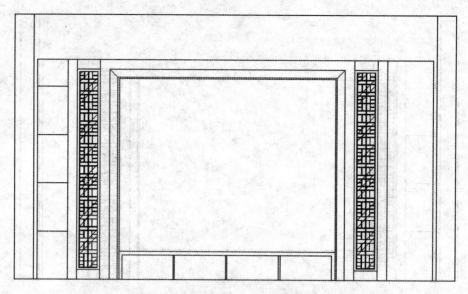

图 3 - 16   绘制电视柜的抽屉(一)

4. 单击修改面板上的"偏移"按钮 (快捷键 O),将电视柜上侧的线段向下偏移 2 次,偏移数值为 150、20,单击修改面板上的"修剪"按钮 (快捷键 TR),修剪多余线段,结果如图 3 - 17 所示。

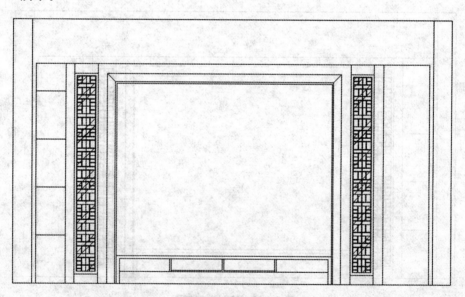

图 3 - 17   绘制电视柜的抽屉(二)

5. 单击绘图面板上的"矩形"按钮 (快捷键 REC),单击鼠标右键,选择"自",单击抽屉左下角点,输入((@195,80),再输入((@315,15),绘制一个矩形,用同样的方法绘制另一侧的矩形,结果如图 3 - 18 所示。

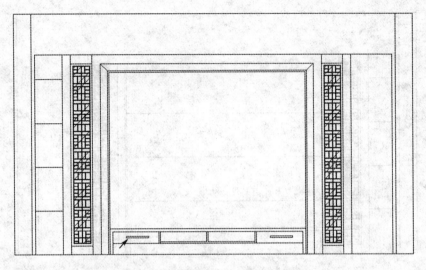

图 3 - 18　绘制电视柜的抽屉(三)

三、绘制电视背景墙大理石

1. 单击绘图面板上的"直线"按钮／(快捷键 L),捕捉电视柜面左边端点,然后垂直方向上移动光标,输入距离 370,按"空格"键,确定第一个端点,然后水平向右,捕捉垂足,在两条内框之间绘制一条直线,如图 3 - 19 所示。

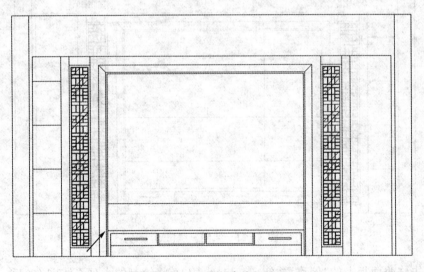

图 3 - 19　绘制直线(一)

2. 单击修改面板上的"偏移"按钮(快捷键 O),将绘制的大理石线向上偏移 2 次,偏移数值为 600,如图 3 - 20 所示。

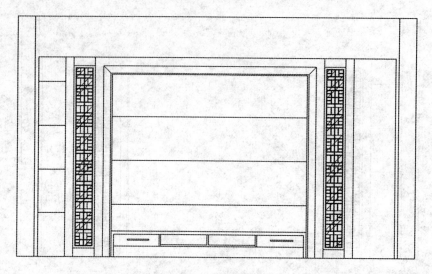

图 3 - 20　偏移直线(一)

3. 单击绘图面板上的"直线"按钮✎(快捷键 L),捕捉电视柜面左边端点,然后水平向右移动光标,输入距离 800,按"空格"键,确定第一个端点,垂直向下,捕捉垂足,在电视柜面和内框之间绘制一条直线,如图 3 - 21 所示。

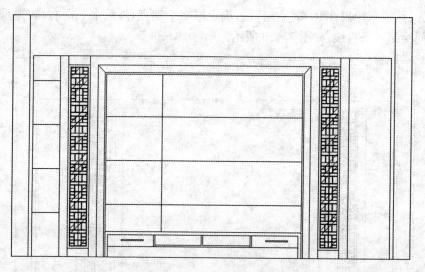

图 3 - 21　绘制直线(二)

4. 单击修改面板上的"偏移"按钮⬰(快捷键 O),将绘制的大理石线向右偏移 1 200,如图 3 - 22 所示。

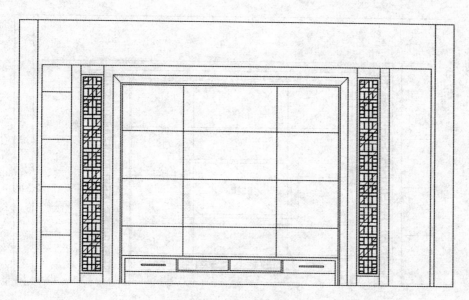

图 3-22　偏移直线(二)

5. 插入电视机及机顶盒等图块,修剪线段后,结果如图 3-23 所示。

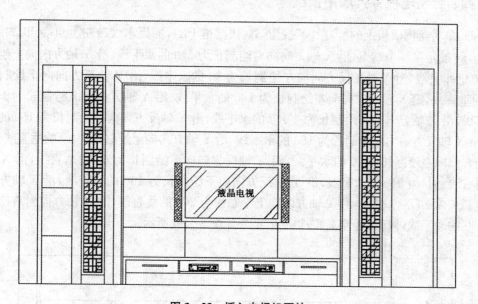

液晶电视

图 3-23　插入电视机图块

6. 用前面介绍的方法绘制右侧的木纹砖线,结果如图 3-24 所示。

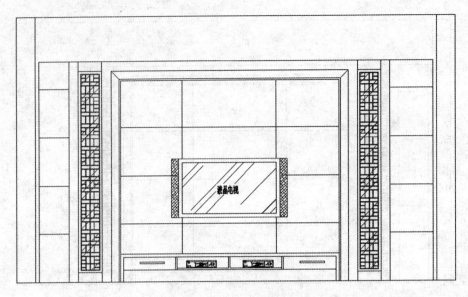

图 3-24　绘制右侧木纹砖线

四、绘制电视背景墙吊顶线

1. 单击绘图面板上的"多段线"按钮![icon]（快捷键 PL），捕捉木纹砖左上角端点，如图 3-25 所示，确定第一个端点，沿 X 轴方向向右绘制长为 640 的水平线，沿 Y 轴方向向上绘制长为 60 的垂直线，沿 X 轴的反方向向左绘制长为 20 的水平线，沿 Y 轴反方向向下绘制长为 40 的垂直线，沿 X 轴反方向向左绘制长为 180 的水平线，沿 Y 轴方向向上绘制长为 160 的垂直线，沿 X 轴方向向右绘制长为 4 000 的水平线，沿 Y 轴反方向向下绘制长为 160 的垂直线，沿 X 轴反方向向左绘制长为 180 的水平线，沿 Y 轴方向向上绘制长为 40 的垂直线，沿 X 轴反方向向左绘制长为 20 的水平线，沿 Y 轴反方向向下绘制长为 60 的垂直线，沿 X 轴方向向右绘制长为 640 的水平线，沿 Y 轴反方向向下绘制长为 100 的垂直线，沿 X 轴方向向右绘制长为 30 的水平线，沿 Y 轴方向向上绘制长为 260 的垂直线，沿 X 轴方向向右绘制长为 150 的水平线，修剪、延伸直线，得到的结果如图 3-26 所示。

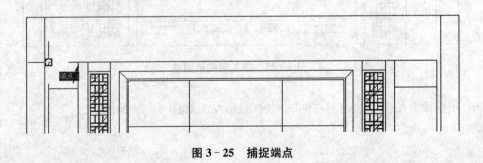

图 3-25　捕捉端点

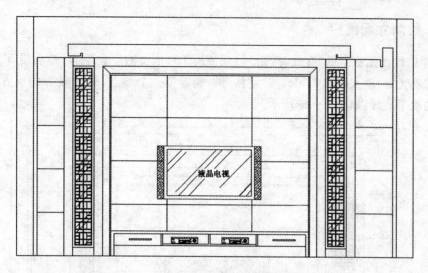

图 3 - 26 绘制吊顶线

2. 插入日光灯,结果如图 3 - 27 所示。

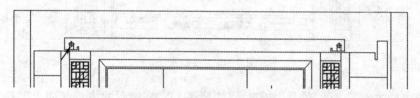

图 3 - 27 插入日光灯

3. 绘制顶部墙体。单击绘图面板上的"直线"按钮╱(快捷键 L),捕捉墙左上角端点,然后沿 Y 轴方向垂直向下移动光标,输入距离 100,按"空格"键,得到直线的第一个端点,沿 X 轴方向绘制长为 1 860 的水平线,沿 Y 轴反方向向下绘制长为 270 的垂直线,沿 X 轴方向向右绘制长为 240 的水平线,沿 Y 轴方向向上绘制长为 270 的垂直线,沿 X 轴方向向右绘制长为 3 060 的水平线,结果如图 3 - 28 所示。

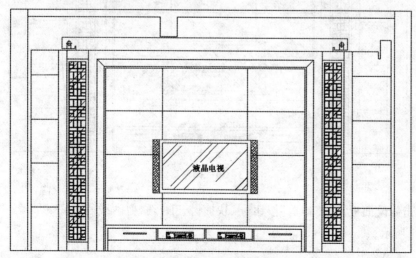

图 3 - 28 绘制顶部墙线

91

五、绘制立面窗户

1. 单击绘图面板上的"直线"按钮 ╱（快捷键 L），捕捉右下角端点，然后沿 Y 轴方向垂直向上移动光标，输入距离 1 000，按"空格"键，确定第一个端点，沿 X 轴方向反方向绘制长为 290 的水平直线，如图 3 - 29 所示。

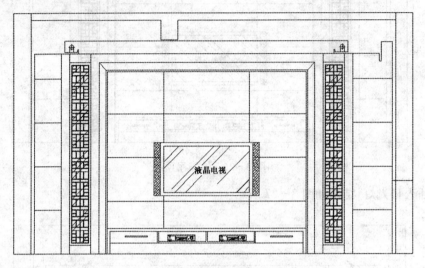

图 3 - 29　绘制直线

2. 单击修改面板上的"偏移"按钮 ╶（快捷键 O），将绘制的窗户线向上偏移 2 次，数值分别为 20、1 480，如图 3 - 30 所示。

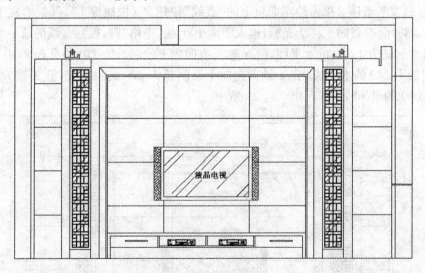

图 3 - 30　偏移直线

3. 单击修改面板上的"修剪"按钮 ╱（快捷键 TR），修剪两线段之间的墙线，得到的窗洞如图 3 - 31 所示。

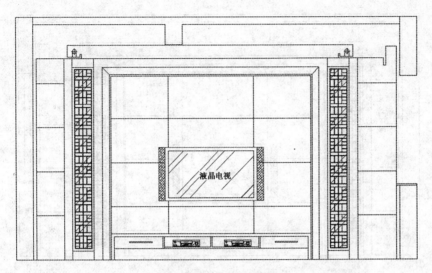

图 3 - 31　修剪窗户线

4. 设置当前层为"窗户"图层。

5. 单击格式菜单,选择多线样式命令,弹出"新建多线样式"对话框,新建多线样式,命名为窗户,在"图元"选项组中,单击"添加"两次,修改图元偏移数值如图 3 - 32 所示。将该样式置为当前层。

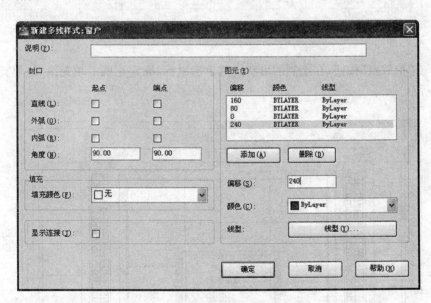

图 3 - 32　"新建多线样式"对话框

6. 用多线绘制窗户。单击绘图菜单上多线命令(快捷键 ML),设置"对正=下",比例=1,样式=窗户,捕捉窗洞左上角端点,绘制如图 3 - 33 所示的别墅立面窗户。

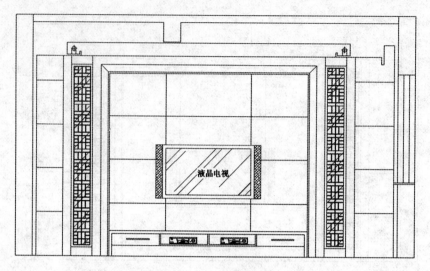

图 3-33 绘制窗户

7. 填充图案表现墙体。输入 H 命令,在"图案创建面板"中设置参数,如图 3-34 所示。

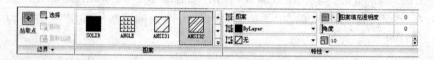

图 3-34 填充图案的参数设置

8. 单击"拾取点"按钮,在绘制的形状内部单击鼠标,确定正确的填充区域,填充结果如图 3-35 所示。

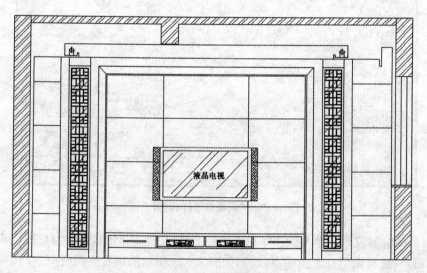

图 3-35 填充墙体

模块二　别墅客厅电视背景墙尺寸标注

一、设置标注样式

1. 在功能区中的"常用"选项卡下的"注释"面板上,单击"标注样式"按钮 （快捷键 D),打开"标注样式管理器"对话框,如图3-36所示。

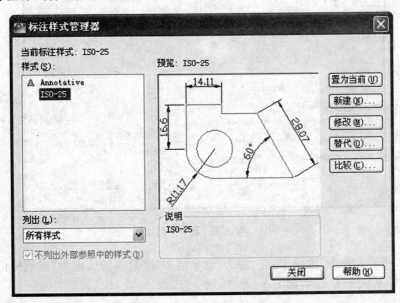

图3-36　"标注样式管理器"对话框

2. 单击"新建"按钮 新建(N)...,打开"创建新标注样式"对话框。输入新样式名为"立面图",基础样式为ISO-25,如图3-37所示。

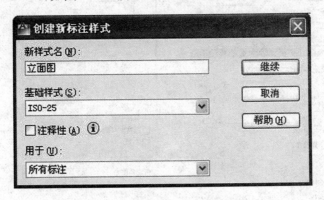

图3-37　"创建新标注样式"对话框

3. 单击"继续"按钮,打开"新建标注样式:立面图"对话框。单击"线"选项卡,将"尺寸线"选项组中的"超出标记"设置为1;"尺寸界线"选项组中的"超出尺寸线"设置为1,将起点偏移量设置为2,如图3-38所示。

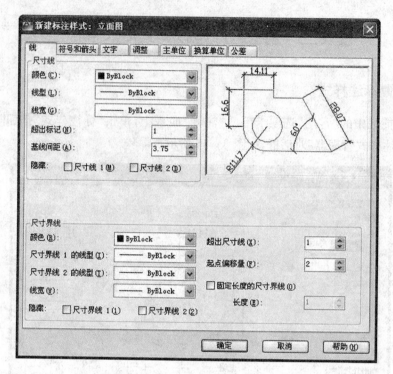

图 3 - 38　"线"选项卡的设置

4. 单击"符号和箭头"选项卡,在"箭头"选项组中,将箭头样式设为"建筑标记","引线"设置为小点,箭头大小为 2.5,如图 3 - 39 所示。

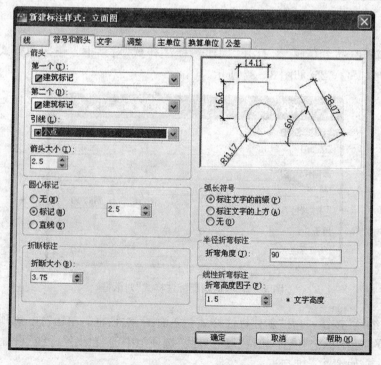

图 3 - 39　"符号和箭头"选项卡的设置

5. 单击"文字"选项卡,在"文字位置"选项组的"垂直"下拉列表中选择"上","水平"下拉列表中选择"居中","从尺寸线偏移"设为 1。在"文字对齐"选项组中勾选"与尺寸线对齐",如图 3-40 所示。

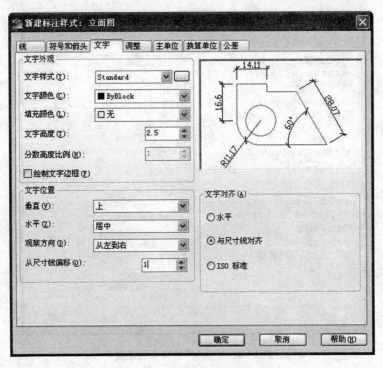

图 3-40　"文字"选项卡的设置

6. 在"文字外观"选项组中,单击"文字样式"右侧的◻◻◻按钮,将弹出"文字样式"对话框,在该对话框中的"文字"选项组中的"字体"下拉菜单中选择"宋体","效果"选项组中的"宽度因子"设置为 0.7。将其置为当前,如图 3-41 所示。单击"关闭"按钮,返回到"新建标注样式"对话框,设置文字高度为 2.5。

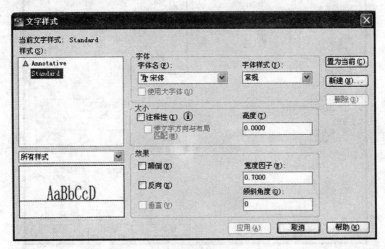

图 3-41　"文字样式"对话框

7. 单击"调整"选项卡。在"调整选项"选项组中选择"文字始终保持在尺寸界线之间"；在"文字位置"选项组中选择"尺寸线上方，不带引线"，在"标注特征比例"选项组中选择"使用全局比例"，全局比例设为25，如图3-42所示。

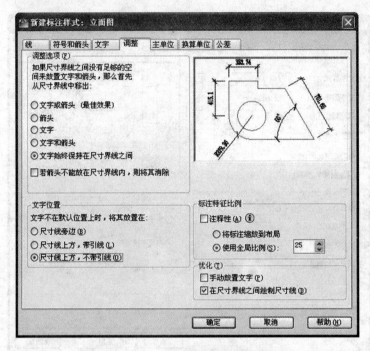

图3-42 "调整"选项卡的设置

8. 单击"主单位"选项卡，在"线性标注"选项组中将精度设置为0，如图3-43所示。

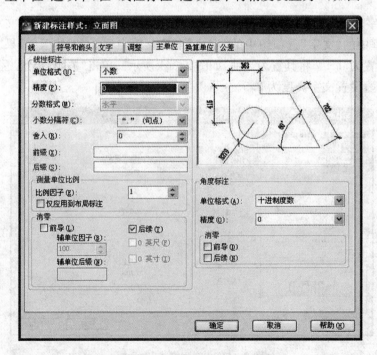

图3-43 "主单位"选项卡的设置

9. 单击"确定"按钮,关闭"新建标注样式:立面图"对话框。在"标注样式管理器"对话框中单击"置为当前"按钮,如图 3 – 44 所示。

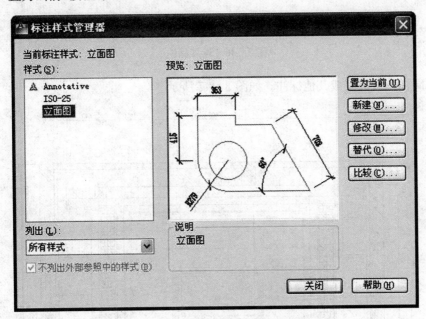

图 3 – 44　"标注样式管理器"对话框

二、对电视背景墙创建标注

设置好立面图的标注样式后,下面通过别墅客厅电视背景墙的实例来学习具体的标注方法,包括直线标注、对齐标注、引线标注等内容。

1. 打开隐藏的"尺寸标注"图层,将该图层设置为当前图层。

2. 在功能区中的"常用"选项卡下的"注释"面板上,单击"线性"按钮 (快捷键 Dli),打开"对象捕捉"功能,单击如图 3 – 45 所示位置,确定两条尺寸界线原点,移动光标指定尺寸线位置。

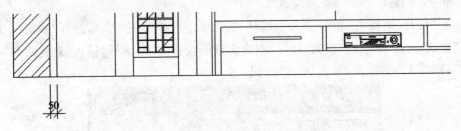

图 3 – 45　指定尺寸界线原点位置标注尺寸

3. 在"注释"菜单中,单击"连续"按钮 (快捷键 Dco),单击如图 3 – 46 所示位置,指定为第二条尺寸界线原点。

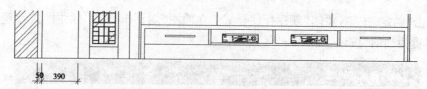

图 3 - 46　连续标注

4. 用同样的方法完成其他标注。如图 3 - 47 所示。

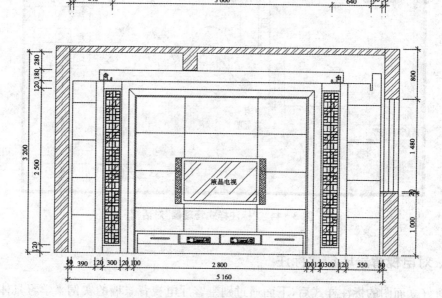

图 3 - 47　完成后的别墅尺寸标注图

三、创建引线标注

（一）创建多重引线样式

1. 将"尺寸标注"图层设置为当前层。

2. 在"注释"面板中，单击"多重引线样式"按钮 （快捷键 Mls），打开"多重引线样式管理器"对话框，单击"新建"按钮，打开"创建多重引线样式"对话框，输入"新样式名"为"立面引线"，如图 3 - 48 所示，单击"继续"按钮。

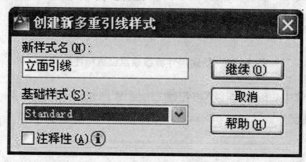

图 3 - 48　"创建新多重引线样式"对话框

3. 单击"引线格式"选项卡,设置"箭头"符号为"点",大小为 20,如图 3-49 所示。

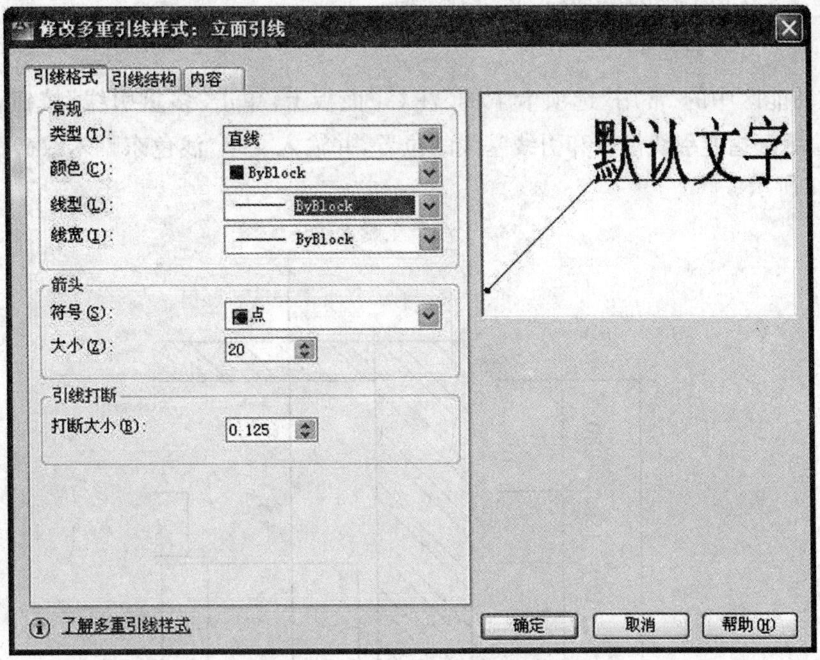

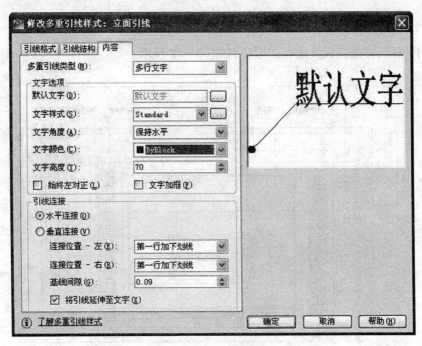

图 3-49　"引线格式"选项卡

4. 单击"内容"选项卡,设置文字高度为 70;在"引线连接"选项组中的"连接位置—左"和"连接位置—右"的下拉列表中均选择"第一行加下划线"选项,如图 3-50 所示。

图 3-50　"内容"选项卡

5. 单击"确定"按钮,关闭"修改多重引线样式:立面引线"对话框。在"标注样式管理器"对话框中单击"置为当前"按钮,关闭对话框。

(二)创建引线标注

1. 在功能区中的"常用"选项卡下的"注释"面板上,单击"多重引线"按钮 🖉 (快捷键Mld),在绘图区指定引线箭头和引线基线的位置,并输入文字"浅色东鹏木纹砖",标注结果如图3-51所示。

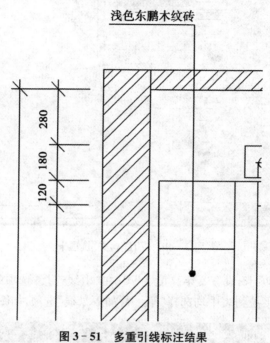

图 3-51 多重引线标注结果

2. 用同样的方法完成其他引线标注,如图3-52所示。

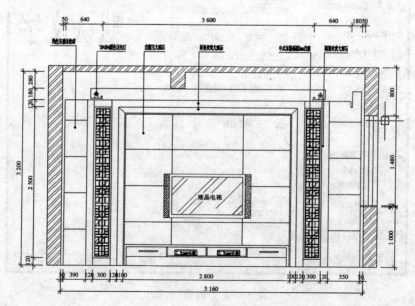

图 3-52 引线标注结果

项目训练四

景观亭施工图的绘制

第一部分　绘制景观亭施工图的目标任务及活动设计

一、教学目标

最终目标：熟练运用 CAD 软件中合适的绘图命令和编辑命令绘制园林建筑单体。

促成目标：1. 能准确操作二维绘图命令和编辑命令。

　　　　　2. 能使用快捷键操作命令。

二、工作任务

1. 看懂图纸。摹绘图纸中的园林建筑单体画法，准确使用绘图命令和编辑命令。

2. 熟练操作软件绘制园林建筑单体，如亭、廊、桥、花架、大门等。

三、活动设计

1. 活动内容：熟练运用 CAD 软件绘制园林建筑单体。

2. 活动组织

序号	活动项目	具体实施	学时	课程资源
1	多媒体演示详细的绘制步骤和技巧	以多媒体的形式演示各种建筑单体的绘制过程，让学生接受和理解 CAD 软件命令的操作技巧与步骤	2	
2	学生摹绘施工图中的园林建筑单体	要求学生熟练运用 CAD 命令绘制各类园林建筑单体，使用快捷键	4	

3. 活动评价

评价内容	评价标准			
	优秀	良好	合格	不合格
建筑单体绘制	熟练并快速绘制园林建筑单体,能运用不同的命令方法得到结果,能熟练使用快捷键	熟练绘制园林建筑单体,能熟练使用快捷键	能绘制园林建筑单体,能使用快捷键	不能独立绘制园林建筑单体,不会使用快捷键

四、主要实践知识

1. 掌握二维绘图命令的操作方法和步骤：直线、构造线、多线、圆、多边形、椭圆形、矩形等。

2. 掌握二维编辑命令的操作方法和步骤：删除、镜像、移动、偏移、缩放、拉长、拉伸、打断、复制等。

3. 子命令的操作方法。

五、主要理论知识

1. 不同命令的操作技巧。

2. 命令适用的范围。

第二部分 绘制景观亭施工图的项目内容

模块一 绘制景观亭平台平面图

一、绘制景观亭地面及台阶

1. 启动 Auto CAD,系统自动新建一个图形文件。

2. 设置图形界线。单击格式菜单,选择图形界线命令,命令窗口显示：

指定左下角点或[开(ON)/关(OFF)]<0.0000,0.0000>：↙(回车)。

指定右上角点<12.0000,9.0000>：输入 20000,10000。↙(回车)。

单击视图面板,选择"全部"按钮 🔍 全部,全部缩放图形。

3. 新建中轴线层。单击图层面板中的"图层特性管理器"按钮 🖺,打开"图层特性管理器"对话框,单击"新建图层"按钮 📝,在名称框中输入"中轴线",按下"Enter"键确认。单击"颜色"图标 ■白,选择颜色 12 作为中轴线颜色,设置线型为 center2,设置线型比例为 30。继续新建图层,命名为"景观亭",图层颜色设置为"绿色",并将其置为当前层,如图4-1所示。

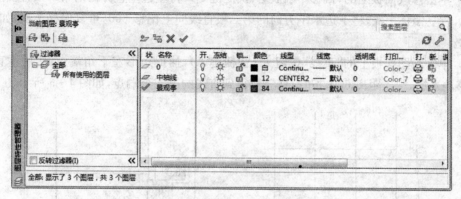

图4-1　"图层特性管理器"对话框

4. 单击绘图面板上的"矩形"按钮▭(快捷键 REC),打开屏幕下方的"正交"按钮,在绘图区任意位置绘制一个边长为5 400的正方形,结果如图4-2所示。

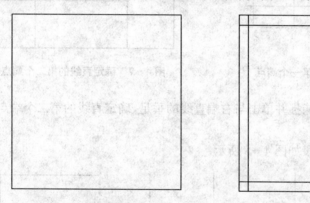

图4-2　绘制景观亭外轮廓　　　　　图4-3　偏移直线(一)

5. 单击修改面板上的"分解"按钮(快捷键 X),分解正方形。单击修改面板上的"偏移"按钮(快捷键 O),将正方形的四个边分别向内部偏移300,如图4-3所示。

6. 单击修改面板上的"修剪"按钮(快捷键 TR),修剪水平方向多余的线段,结果如图4-4所示。

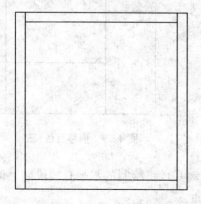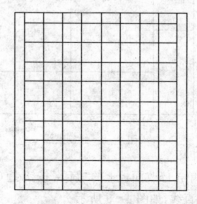

图4-4　修剪多余的线段　　　　　图4-5　偏移直线(二)

7. 单击修改面板上的"偏移"按钮 (快捷键 O),将左边垂直方向的第二根直线向右偏移 600,重复偏移 7 次,将下边水平方向的第二根直线向上偏移 600,重复偏移 7 次,如图 4 - 5 所示。

8. 单击绘图面板上的"直线"按钮 (快捷键 L),捕捉矩形左下角端点,然后垂直方向向上移动光标,输入距离 600,按"空格"键,得到直线的第一个端点,如图 4 - 6 所示。

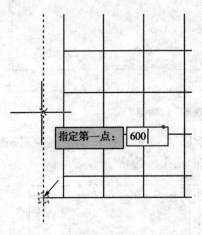

图 4 - 6 确定直线的第一个端点

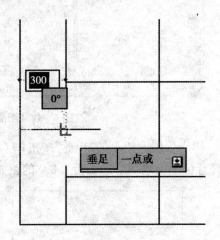

图 4 - 7 确定直线的第二个端点

9. 水平向右移动光标,捕捉并单击与右端直线的垂足,确定直线的第二个端点,如图 4 - 7 所示。

10. 绘制完成的垂直线段如图 4 - 8 所示。

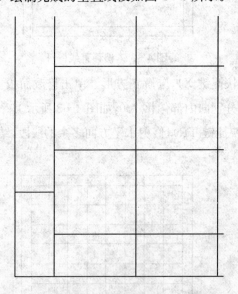

图 4 - 8 绘制直线

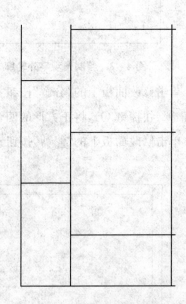

图 4 - 9 偏移直线(三)

11. 单击修改面板上的"偏移"按钮 (快捷键 O),将绘制的水平直线段向上偏移 600,得到偏移直线,如图 4 - 9 所示。

12. 用同样的方法偏移直线,结果如图 4-10 所示。

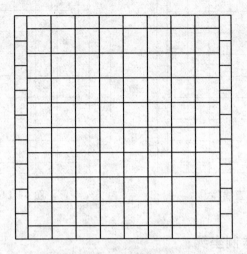

图 4-10　偏移直线(四)

13. 绘制台阶。单击绘图面板上的"矩形"按钮□(快捷键 REC),按住"Shift"键,单击鼠标右键,选择捕捉"自",单击矩形左下角点,输入(@0,1 500),再输入(@-600,2 400),绘制一个矩形,如图 4-11 所示。

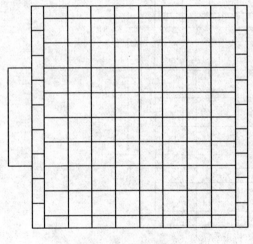

图 4-11　绘制矩形

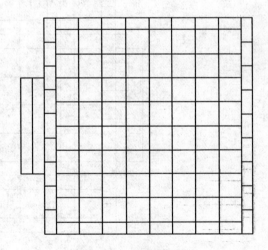

图 4-12　偏移直线(五)

14. 单击修改面板上的"分解"按钮 📥(快捷键 X),分解矩形。单击修改面板上的"偏移"按钮 📥(快捷键 O),将矩形的左边向右偏移 300,如图 4-12 所示。

15. 用前面介绍的方法,偏移直线,结果如图 4-13 所示。

16. 单击修改面板上的"镜像"按钮 ⚖(快捷键 MI),将台阶捕捉中点垂直镜像后,结果如图 4-14 所示。

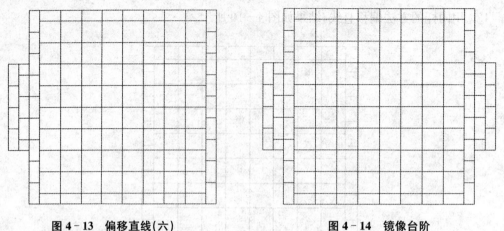

图 4‑13 偏移直线(六)   图 4‑14 镜像台阶

二、绘制立柱及木制坐凳

1. 绘制中轴线。单击修改面板上的"偏移"按钮 ◢ (快捷键 O),将正方形的四个边分别向内部偏移 1 200,将偏移的直线适当加长,并将其转换为中轴线层,如图 4‑15 所示。

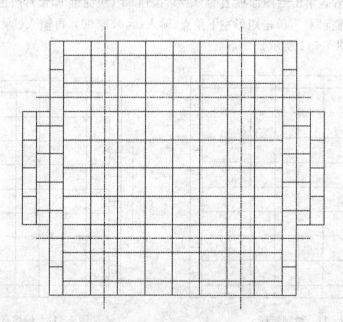

图 4‑15 绘制中轴线

2. 单击格式菜单中的多线命令,在出现的"多线样式"对话框中单击"新建"按钮,打开"新建多线样式"对话框,输入样式名为"亭梁",单击"继续"按钮,出现如图 4‑16 所示对话框,在"图元"选项组中,修改偏移量分别为 50、—50,线型为虚线线型,以创建 100 厚的多线样式。将创建的多线样式置为当前样式。

图 4‑16 "新建多线样式"对话框

3. 单击绘图菜单上的"多线命令"（快捷键 ML），设置"对正＝无"，比例＝1，样式＝亭梁，捕捉交点，绘制如图 4‑17 所示。

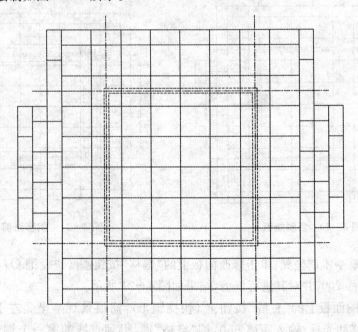

图 4‑17 绘制亭梁

4. 绘制方钢立柱，单击绘图面板上的"矩形"按钮 ▢（快捷键 REC），捕捉亭梁左上角为第一点，输入（@100，－100），按"空格"键，完成矩形的绘制。如图 4‑18 所示。

109

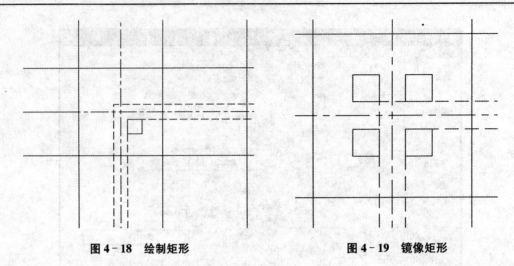

图 4-18 绘制矩形　　　　　　　　图 4-19 镜像矩形

5. 单击修改面板上的"镜像"按钮 ⚞ (快捷键 MI),以中轴线为对称轴,将矩形镜像复制,结果如图 4-19 所示。

6. 单击修改面板上的"复制"按钮 ☇ (快捷键 CO),选择四个方钢立柱,以中轴线交点为复制基点,复制另外三处的方钢立柱,结果如图 4-20 所示。

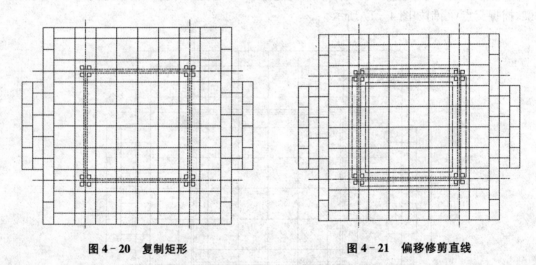

图 4-20 复制矩形　　　　　　　　图 4-21 偏移修剪直线

7. 绘制景观亭木制坐凳,单击修改面板上的"偏移"按钮 ⬑ (快捷键 O),将中轴线分别向内部、外部偏移 200,并对其进行修剪,结果如图 4-21 所示。

8. 单击绘图面板上的"直线"按钮 ╱ (快捷键 L),捕捉景观亭坐凳左下角端点,然后在垂直方向上移动光标,输入距离 650,按"空格"键,得到直线的第一个端点,如图 4-22 所示。

9. 水平向左移动光标,捕捉并单击直线的垂足,确定直线的第二个端点,如图 4-23 所示。

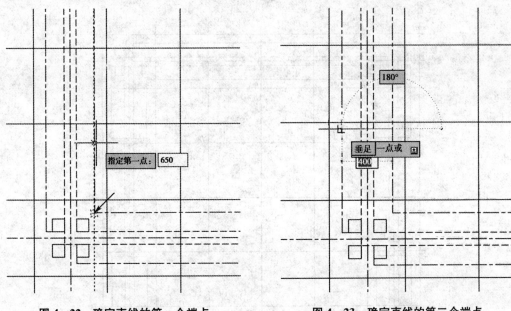

图 4 - 22　确定直线的第一个端点　　　　图 4 - 23　确定直线的第二个端点

10. 绘制完成的垂直线段如图 4 - 24 所示。

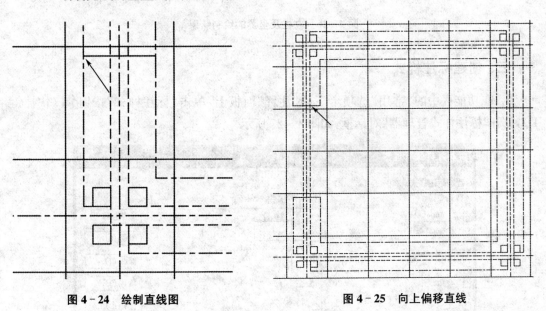

图 4 - 24　绘制直线图　　　　　　　图 4 - 25　向上偏移直线

11. 单击修改面板上的"偏移"按钮 （快捷键 O），将绘制的水平直线段向上偏移
1 300，得到偏移直线，修剪后结果如图 4 - 25 所示。

12. 用同样的方法绘制右侧坐凳，转换图层后，结果如图 4 - 26 所示。

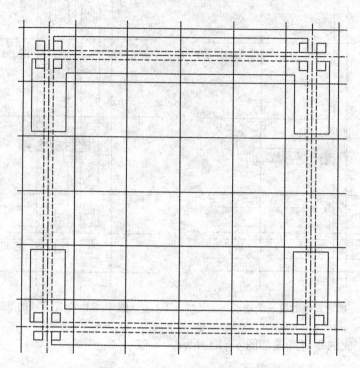

图 4 - 26   立柱及坐凳的绘制结果

三、创建标注样式

1. 在功能区中的"常用"选项卡下的"注释"面板上,单击"标注样式"按钮 ◢（快捷键 D),打开"标注样式管理器"对话框,如图 4 - 27 所示。

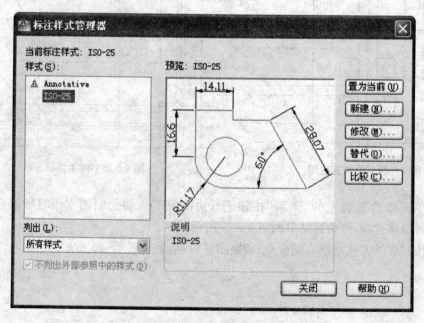

图 4 - 27   "标注样式管理器"对话框

2.单击"新建"按钮 新建(N)... ,打开"创建新标注样式"对话框。输入新样式名为"景观亭平面图",基础样式为 ISO-25,如图 4-28 所示。

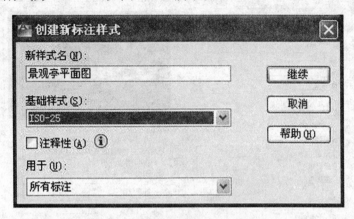

图 4-28　"创建新标注样式"对话框

3.单击"继续"按钮,打开"新建标注样式:景观亭平面图"对话框。

4.单击"线"选项卡,将"尺寸线"选项组中的"超出标记"设置为 1;"尺寸界线"选项组中的"超出尺寸线"设置为 1,将"起点偏移量"设置为 2,如图 4-29 所示。

图 4-29　"线"选项卡的设置

5.单击"符号和箭头"选项卡,在"箭头"选项组中,将箭头和引线的样式均设为"小点";"箭头大小"设为 2.5,如图 4-30 所示。

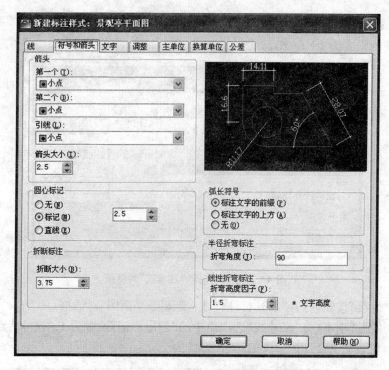

图4-30 "符号和箭头"选项卡的设置

6. 单击"文字"选项卡,在"文字位置"选项组的"垂直"下拉列表中选择"上","水平"下拉列表中选择"居中","从尺寸线偏移"设为1。在"文字对齐"选项组中勾选"与尺寸线对齐",如图4-31所示。

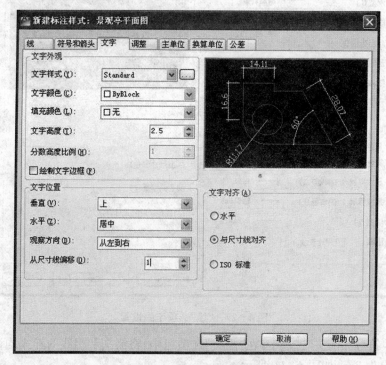

图4-31 "文字"选项卡的设置

7. 在"文字外观"选项组中,单击"文字样式"右侧的 按钮,将弹出"文字样式"对话框,在该对话框中的"文字"选项组中的"字体"下拉菜单中选择"宋体","效果"选项组中的"宽度因子"设置为0.7。将其置为当前,如图4-32所示。单击"关闭"按钮,返回到"新建标注样式"对话框,设置文字高度为2.5。

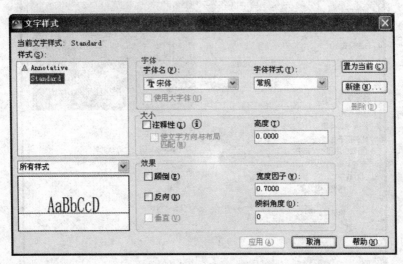

图4-32 "文字样式"对话框

8. 单击"调整"选项卡。在"调整选项"选项组中选择"文字始终保持在尺寸线之间";在"文字位置"选项组中选择"尺寸线上方,不带引线",在"标注特征比例"选项组中选择"使用全局比例",且全局比例设为50,如图4-33所示。

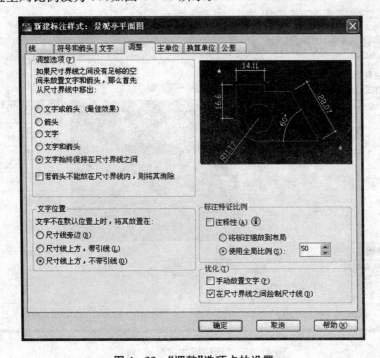

图4-33 "调整"选项卡的设置

9. 单击"主单位"选项卡,在"线性标注"选项组中将"精度"设置为 0,如图 4‐34 所示。

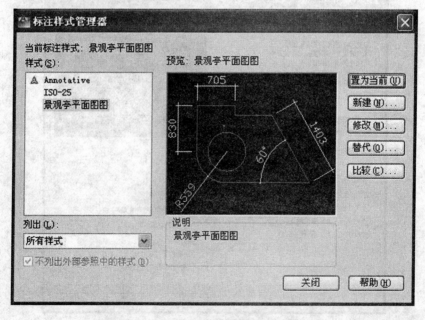

图 4‐34 "主单位"选项卡的设置

10. 单击"确定"按钮,关闭"新建标注样式:景观亭平面图"对话框。在"标注样式管理器"对话框中单击"置为当前"按钮,如图 4‐35 所示。

图 4‐35 "标注样式管理器"对话框

11. 将"标注"层设置为当前层,按图4-36所示进行尺寸标注。

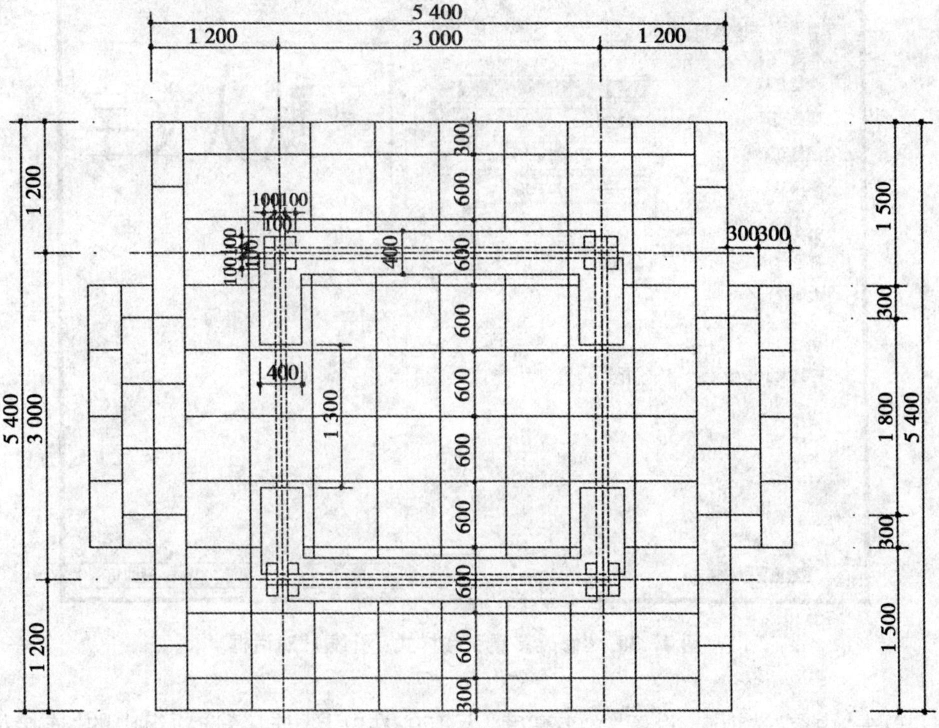

图4-36　尺寸标注结果

四、创建多重引线样式

1. 将"尺寸标注"图层设置为当前层。

2. 在"注释"面板中,单击"多重引线样式"按钮 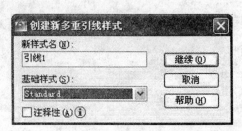（快捷键Mls）,打开"多重引线样式管理器"对话框,单击"新建"按钮,打开"创建新多重引线样式"对话框,输入"新样式名"为"引线1",如图4-37所示。

图4-37　"创建新多重引线样式"对话框

3. 单击"继续"按钮,弹出"修改多重引线样式:引线1"对话框。单击"引线格式"选项卡,设置"箭头"的"符号"为"点","大小"为60,如图4-38所示。

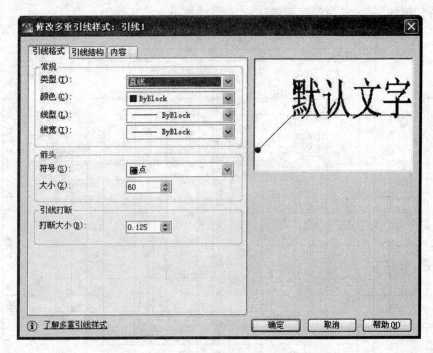

图4-38 "修改多重引线样式：引线1"对话框

4. 单击"内容"选项卡，设置"文字高度"为160；在"引线连接"选项组中的"连接位置—左："和"连接位置—右"的下拉列表中均选择"第一行加下划线"选项，如图4-39所示。

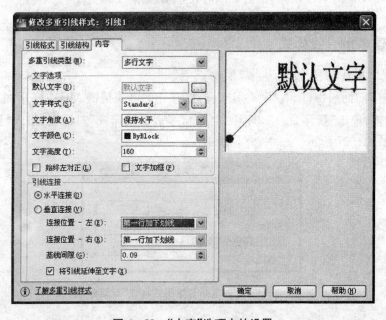

图4-39 "内容"选项卡的设置

5. 单击"确定"按钮，关闭"修改多重引线样式：引线1"对话框。在"标注样式管理器"对话框中单击"置为当前"按钮，关闭对话框。

6. 将"文字标注"图层设置为当前层。在功能区中的"常用"选项卡下的"注释"面板上，单击"多重引线"按钮 （快捷键 Mld），按图 4-40 中所示进行引线标注，以注明景观亭各部分的材料和尺寸。

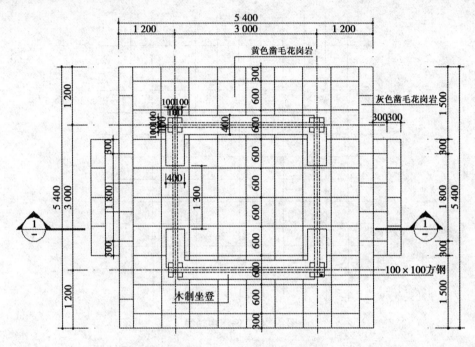

图 4-40　引线标注结果

模块二　绘制景观亭顶面图

1. 将"中轴线"层置为当前层。单击状态栏中的"正交"按钮 （快捷键 F8），开启正交模式，单击绘图面板上的"直线"按钮 （快捷键 L），在绘图区域绘制两条长度约为 6 500 并相互垂直的直线，如图 4-41 所示。

图 4-41　绘制中轴线

2. 单击修改面板上的"偏移"按钮 （快捷键O），选择垂直方向的中轴线，向X轴正方向偏移500，连续偏移10次。选择水平方向的中轴线，连续向Y轴垂直正方向偏移500，连续偏移10次，如图4-42所示。

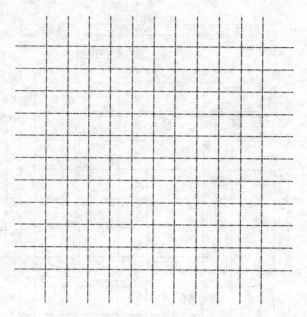

图4-42　偏移中轴线

3. 绘制方木。单击绘图面板上的"矩形"按钮 □ （快捷键REC），按住"Shift"键，单击鼠标右键，选择"自"，单击中轴线左下角交点，输入（@-375,-50），按"空格"键，确定矩形的第一个点，输入(5 750,100)，按下"空格"键，确定矩形的第二个点，如图4-43所示。

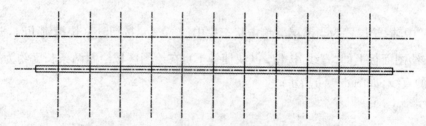

图4-43　绘制矩形

4. 单击修改面板上的"复制"按钮 （快捷键CO），选择矩形，以中轴线交点为复制基点，复制矩形，结果如图4-44所示。

5. 用同样的方法绘制垂直方向的矩形，结果如图4-45所示。

6. 单击修改面板上的"偏移"按钮 （快捷键O），选择如图4-46所示的矩形，向外偏移25。

7. 单击修改面板上的"分解"按钮 （快捷键X），分解刚偏移的矩形，删除多余的直线，连接直线，得到如图4-47所示的图形。

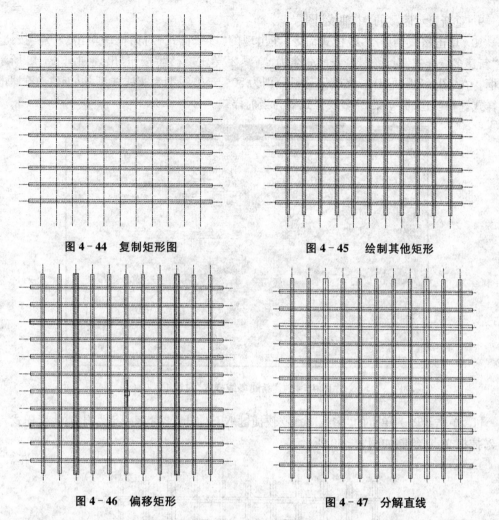

图 4-44　复制矩形图　　　　　　图 4-45　绘制其他矩形

图 4-46　偏移矩形　　　　　　　图 4-47　分解直线

8. 隐藏中轴线,单击修改面板上的"修剪"按钮 ⊬⋯(快捷键 TR),修剪矩形中间的交叉线,如图 4-48 所示。

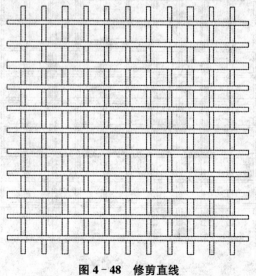

图 4-48　修剪直线

9. 重新显示隐藏的"中轴线"图层。

10. 单击格式菜单/多线样式命令,在出现的"多线样式"对话框中单击"新建"按钮,打开"新建多线样式"对话框,输入样式名为"亭梁2"单击"继续"按钮,出现如图4-49所示对话框。在"图元"选项组中,修改偏移量分别为50、-50,线型为实线线型,以创建100厚的多线样式。将创建的"亭梁2"多线样式置为当前样式。

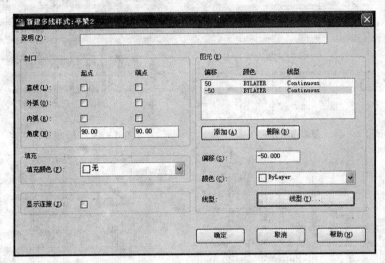

图4-49 "新建多线样式"对话框

11. 单击绘图菜单上的"多线"命令(快捷键ML),设置"对正=无",比例=1,样式=亭梁2,捕捉交点,绘制如图4-50所示。

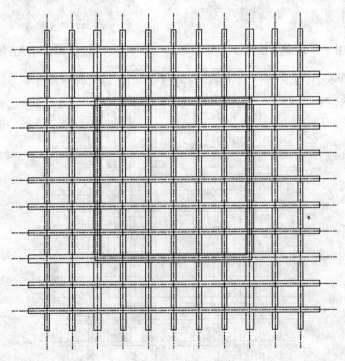

图4-50 绘制亭梁

12. 绘制方钢立柱,单击绘图面板上的"矩形"按钮 ▭ (快捷键 REC),捕捉亭梁左上角为第一点,输入(@100,−100),按"空格"键,完成矩形的绘制。如图 4−51 所示。

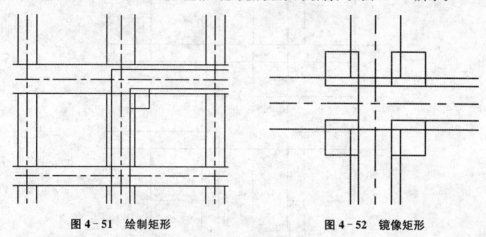

图 4−51　绘制矩形　　　　　　　　　　　　　　图 4−52　镜像矩形

13. 单击修改面板上的"镜像"按钮 ▲ (快捷键 MI),以中轴线为对称轴,将矩形镜像复制,结果如图 4−52 所示。

14. 单击修改面板上的"复制"按钮 ⊙ (快捷键 CO),选择四个方钢立柱,以中轴线交点为复制基点,复制另外三处的方钢立柱,结果如图 4−53 所示。

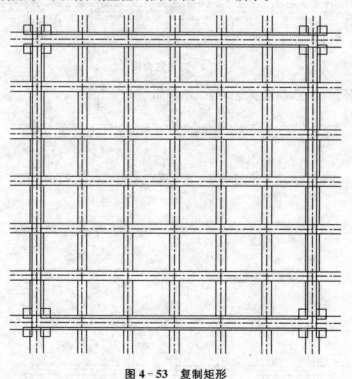

图 4−53　复制矩形

15. 绘制螺栓,单击绘图面板上的"圆"按钮 ⊙ (快捷键 C),捕捉中轴线交点为圆心点,绘制半径为 20 的圆,如图 4−54 所示。

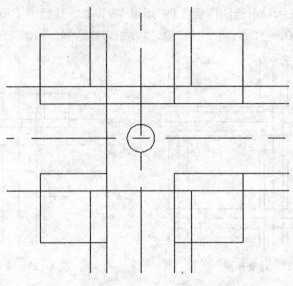

图 4-54　绘制圆

16. 单击修改面板上的"阵列"按钮 ▦（快捷键 AR），设置阵列数目行为 1，列为 11，列间距为 300，阵列结果如图 4-55 所示。

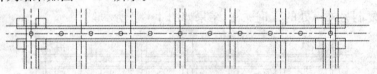

图 4-55　阵列圆

17. 运用相同的方法，绘制其他螺栓。结果如图 4-56 所示。

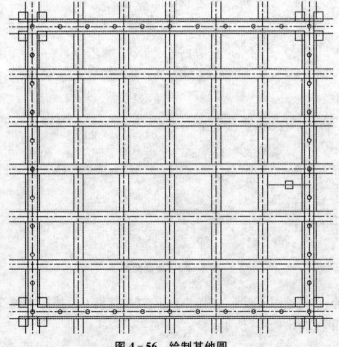

图 4-56　绘制其他圆

18. 单击格式菜单中的多线命令,在出现的"多线样式"对话框中单击"新建"按钮,打开"新建多线样式"对话框,输入样式名为"80",单击"继续"按钮。出现如图 4-57 所示对话框,在"图元"选项组中,修改偏移量分别为 40、-40,线型为实线线型,以创建 80 厚的多线样式。将创建的"80"多线样式置为当前样式。

图 4-57　"新建多线样式"对话框

19. 单击绘图菜单上的多线命令(快捷键 ML),设置"对正＝无",比例＝1,样式＝80,捕捉交点,绘制结果如图 4-58 所示。

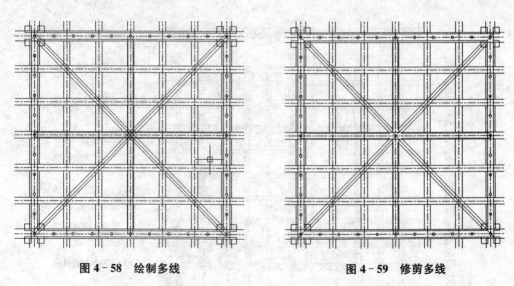

图 4-58　绘制多线　　　　　　　　　　**图 4-59　修剪多线**

20. 单击修改面板上的"修剪"按钮╱┅(快捷键 TR),修剪多余的线条,结果如图 4-59 所示。

21. 将"标注"层设置为当前层,按图 4-60 所示进行尺寸标注。

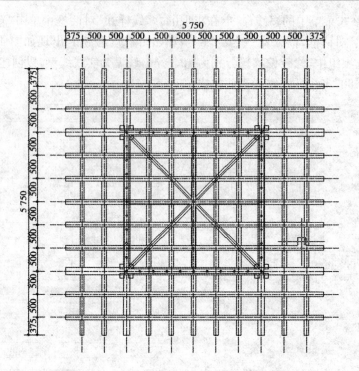

图 4-60 尺寸标注结果

22. 打开隐藏的"文字标注"图层,并将其设置为当前层。在功能区中的"常用"选项卡下的"注释"面板上,单击"多重引线"按钮 (快捷键 Mld),按图 4-61 中所示进行引线标注,以注明景观亭顶面各部分的材料和尺寸。

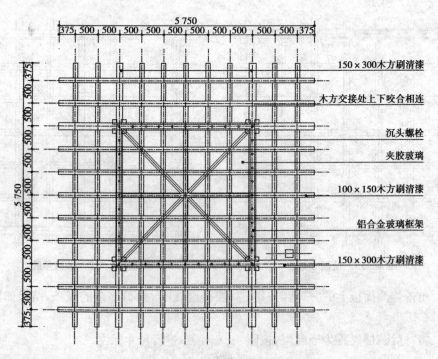

图 4-61 引线标注结果

模块三　绘制景观亭立面图

1. 将"中轴线"层设置为当前层。单击状态栏中的"正交"按钮 ▙ (快捷键 F8)，开启正交模式，单击绘图面板上的"直线"按钮 ╱ (快捷键 L)，在绘图区域绘制一条长度约为5 400的直线，偏移 3 000，得到如图 4 - 62 所示的图形。

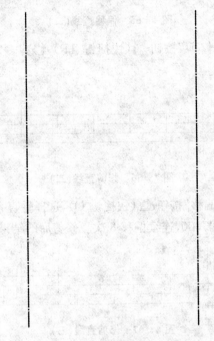

图 4 - 62　绘制景观亭中轴线

2. 单击绘图面板上的"直线"按钮 ╱ (快捷键 L)，在绘图区域绘制一条长度约为 6 000的水平直线，向上偏移 450，中轴线向外偏移 1 200，得到如图 4 - 63 所示的图形。

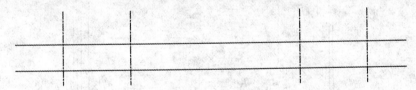

图 4 - 63　偏移直线(一)

3. 单击修改面板上的"修剪"按钮 ╱┅ (快捷键 TR)，修剪多余的线条，结果如图 4 - 64所示。

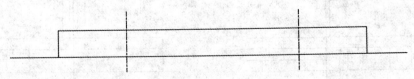

图 4 - 64　修剪直线(一)

127

4. 单击修改面板上的"偏移"按钮 （快捷键 O），选择垂直方向的直线，向 X 轴正方向偏移 600，连续偏移 8 次。选择水平方向的直线，连续向 Y 轴垂直负方向偏移 150，连续偏移 3 次。如图 4‑65 所示。

图 4‑65　偏移直线（二）

5. 单击修改面板上的"修剪"按钮 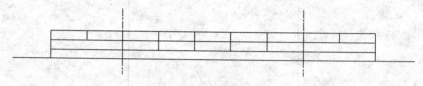（快捷键 TR），修剪多余的线条，结果如图 4‑66所示。

图 4‑66　修剪直线（二）

6. 单击修改面板上的"偏移"按钮 （快捷键 O），选择垂直方向的直线，向 X 轴正方向偏移 300，向 X 轴正方向偏移 600，连续偏移 8 次。修剪后的结果如图 4‑67 所示。

图 4‑67　修剪直线（三）

7. 单击绘图面板上的"直线"按钮 ╱（快捷键 L），捕捉左下交点，然后水平向左移动光标，输入距离 50，按"空格"键，得到直线的第一个端点，垂线向上绘制一条长为 3 030 的直线，如图 4‑68 所示。

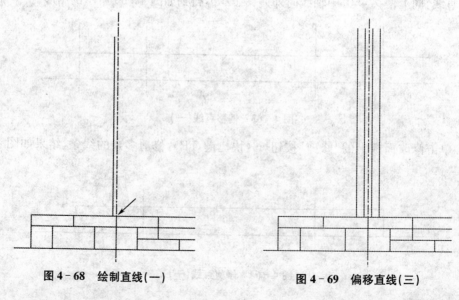

图 4‑68　绘制直线（一）　　　　　　图 4‑69　偏移直线（三）

8. 单击修改面板上的"偏移"按钮⚼（快捷键 O），选择上一步骤刚绘制的直线，向 X 轴正方向偏移 100，连续偏移 2 次，向 X 轴负方向偏移 100，如图 4－69 所示。

9. 绘制坐凳立面，单击绘图面板上的"矩形"按钮▢（快捷键 REC），按住"Shift"键，单击鼠标右键，选择"自"，单击直线左下角交点，输入（@－50,250），按"空格"键，确定矩形的第一个端点，输入（@1 050,50），按下"空格"键，确定矩形的第二个端点，如图 4－70所示。

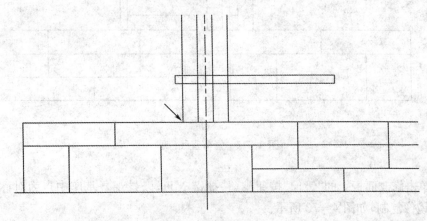

图 4－70　绘制矩形（一）

10. 单击绘图面板上的"矩形"按钮▢（快捷键 REC），按住"Shift"键，单击鼠标右键，选择"自"，单击矩形右下角点，输入（@－125,0），按"空格"键，确定矩形的第一个端点，输入（@－50,－250），按下"空格"键，确定矩形的第二个端点，如图 4－71 所示。

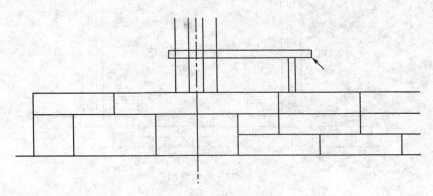

图 4－71　绘制矩形（二）

11. 单击修改面板上的"分解"按钮🗗（快捷键 X），分解矩形，删除多余的直线，选择矩形水平线下面这条边，向下偏移 50、100 两条直线，修剪多余的直线，得到如图 4－72 所示的图形。

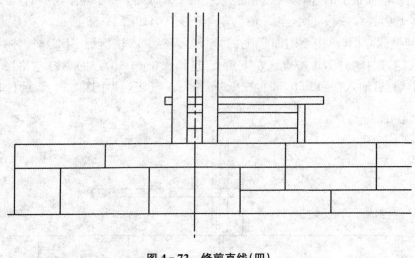

图 4‐72   修剪直线(四)

12. 单击修改面板上的"镜像"按钮（快捷键 MI），以景观亭基座中点为对称轴，将方钢和坐凳镜像复制，如图 4‐73 所示。

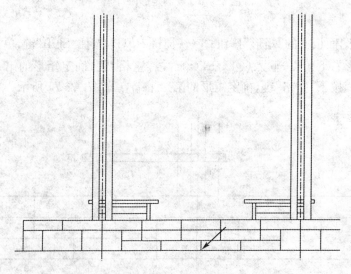

图 4‐73   镜像复制

13. 单击绘图面板上的"矩形"按钮（快捷键 REC），按住"Shift"键，单击鼠标右键，选择"自"，单击左上角直线端点，输入((@‐1 200,0)，按"空格"键，确定矩形的第一个端点，输入((@5 700,300)，按下"空格"键，确定矩形的第二个端点，如图 4‐74 所示。

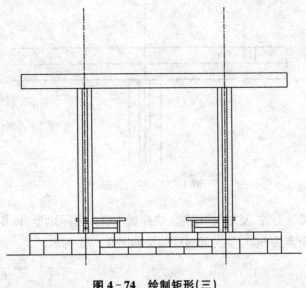

图 4-74　绘制矩形(三)

14. 单击修改面板上的"分解"按钮 📠 (快捷键 X),分解矩形,选择矩形水平线下面这条边,向上偏移150,如图4-75所示。

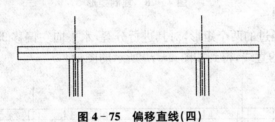

图 4-75　偏移直线(四)

15. 单击绘图面板上的"矩形"按钮 ▭ (快捷键 REC),捕捉矩形左上角点为绘制矩形的第一端点,输入(@100,-150),按下"空格"键,确定矩形的第二个端点,如图4-76所示。

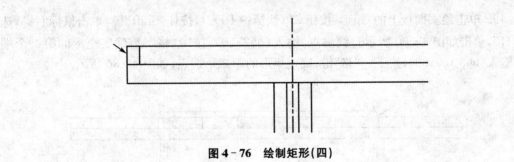

图 4-76　绘制矩形(四)

16. 单击修改面板上的"移动"按钮 ✛ (快捷键 M),指定矩形左上角点为移动基点,水平向右移动300,如图4-77所示。

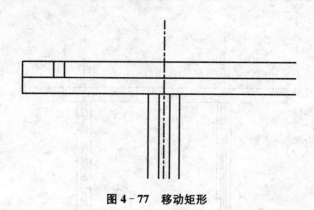

图 4-77　移动矩形

17. 单击修改面板上的"复制"按钮（快捷键 CO），选择矩形，以矩形的上面中点为复制基点，复制矩形，距离为 500，多次复制后结果如图 4-78 所示。

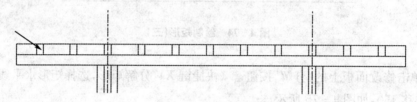

图 4-78　复制矩形

18. 选择中轴线经过的两个矩形，对其进行分解，水平向左偏移 25，水平向右偏移 25，利用延伸工具延伸偏移的直线，得到如图 4-79 所示的图形。

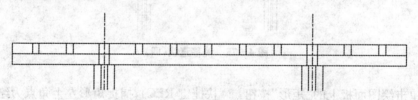

图 4-79　偏移直线（五）

19. 单击绘图面板上的"矩形"按钮□（快捷键 REC），按住"Shift"键，单击鼠标右键，选择"自"，单击如图 4-80 所示直线端点，输入（@25,0），按"空格"键，确定矩形的第一个端点，输入（@3 100,80），按下"空格"键，确定矩形的第二个端点，如图 4-80 所示。

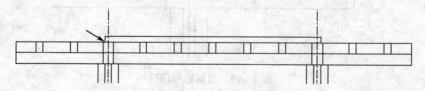

图 4-80　绘制矩形（五）

20. 单击修改面板上的"分解"按钮（快捷键 X），分解矩形，选择矩形水平线下面这条边，向上偏移 40，如图 4-81 所示。

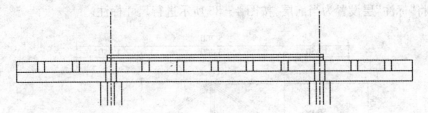

图 4 - 81 偏移直线(六)

21. 单击绘图面板上的"直线"按钮 ╱ (快捷键 L),捕捉中点,确定第一个端点,垂直向上绘制一条长为 920 的直线,如图 4 - 82 所示连接直线。

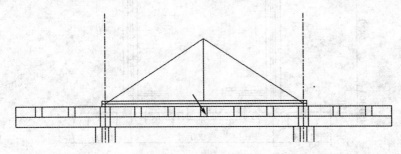

图 4 - 82 绘制直线(二)

22. 将创建的"80"多线样式置为当前样式。单击绘图菜单上的多线命令(快捷键 ML),设置"对正=无",比例=1,样式=80,捕捉三角形端点,绘制结果如图 4 - 83 所示。

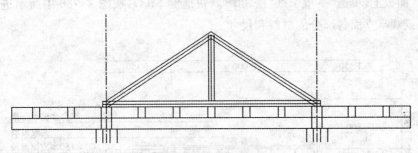

图 4 - 83 绘制多线

23. 单击修改面板上的"分解"按钮 ┅ (快捷键 X),分解多线,选择修剪命令,修剪多余的直线,如图 4 - 84 所示。

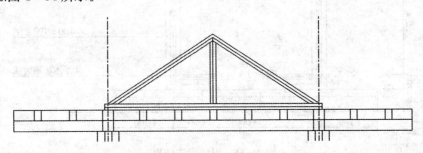

图 4 - 84 修剪直线(五)

133

24. 将"标注"层设置为当前层,按图4-85所示进行尺寸标注。

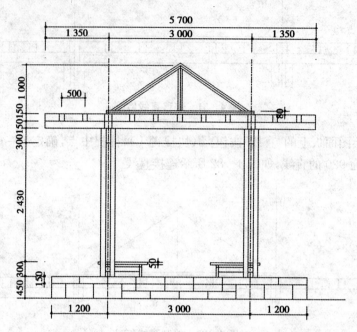

图4-85 尺寸标注结果

25. 打开隐藏的"文字标注"图层,并将其设置为当前层。在功能区中的"常用"选项卡下的"注释"面板上,单击"多重引线"按钮 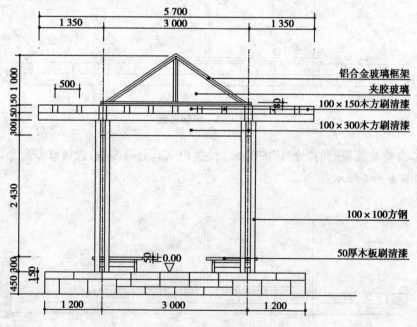,(快捷键 Mld),按图4-86中所示进行引线标注,以注明景观亭立面各部分的材料和尺寸。

铝合金玻璃框架
夹胶玻璃
100×150木方刷清漆
100×300木方刷清漆

100×100方钢

50厚木板刷清漆

图4-86 引线标注结果

附 录

别墅施工图附图

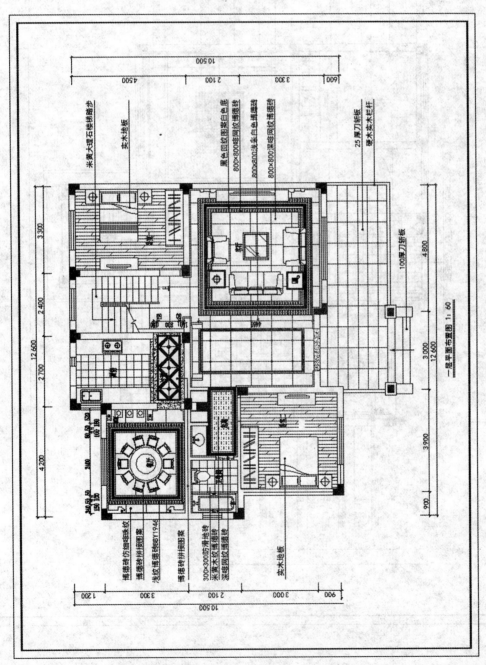

一层平面布置图 1: 60

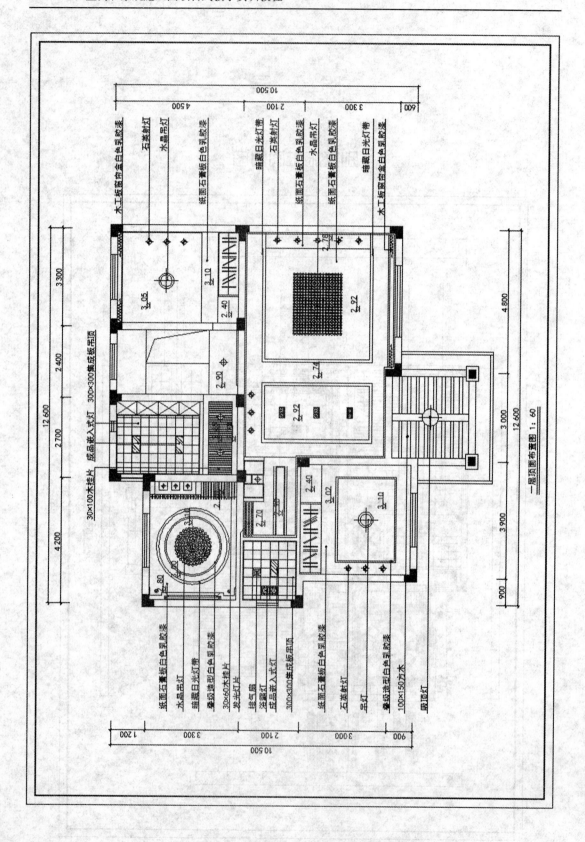

一层顶面布置图 1∶60

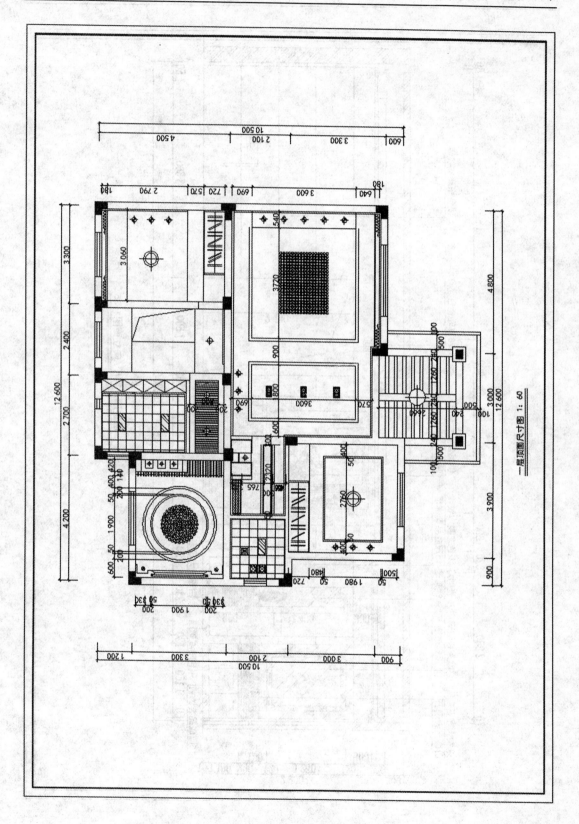

一层顶面尺寸图 1：60

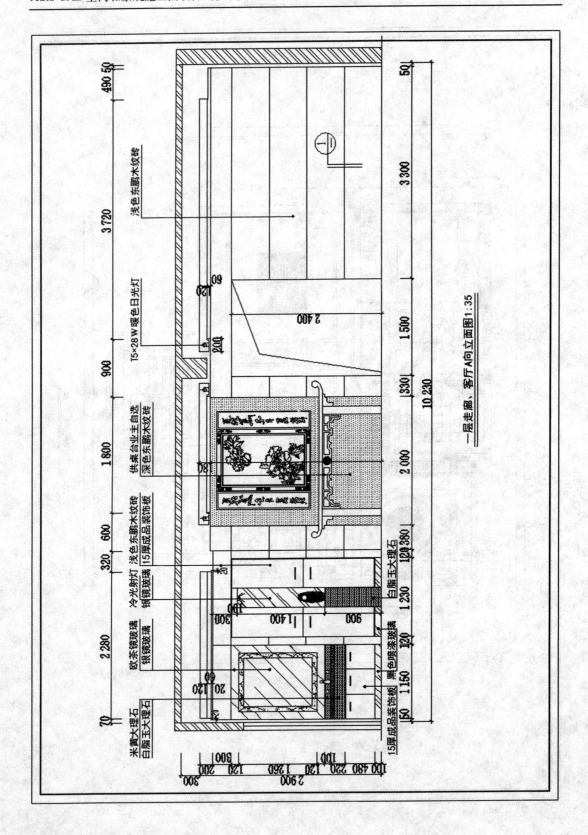

一层走廊、客厅 A 向立面图 1:35

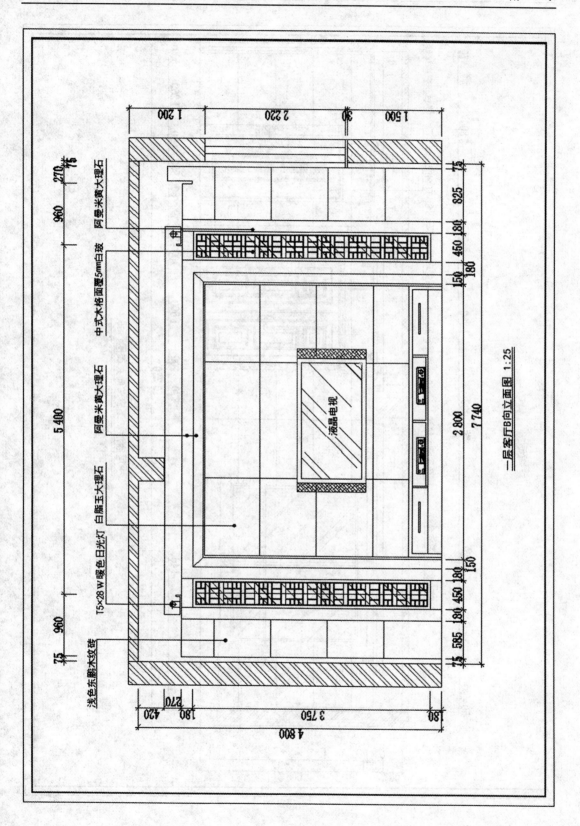

一层客厅B向立面图 1:25

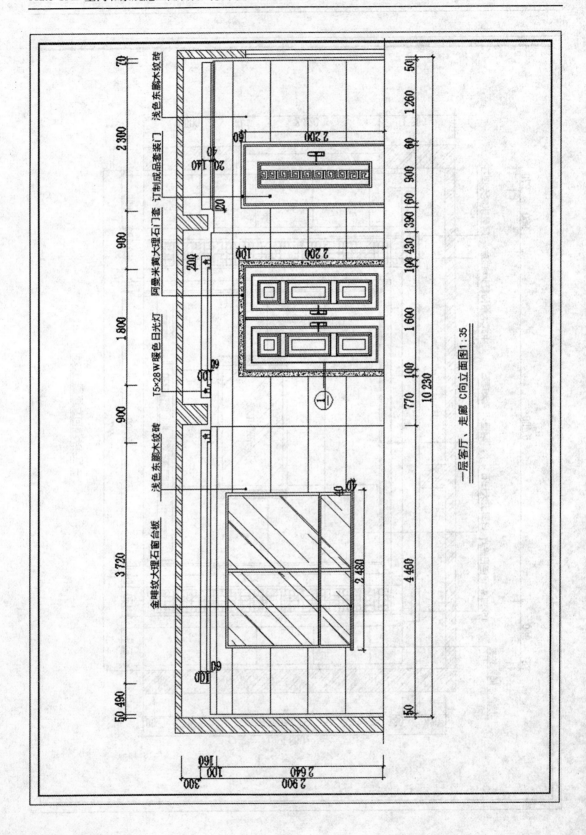

一层客厅、走廊 C向立面图1:35

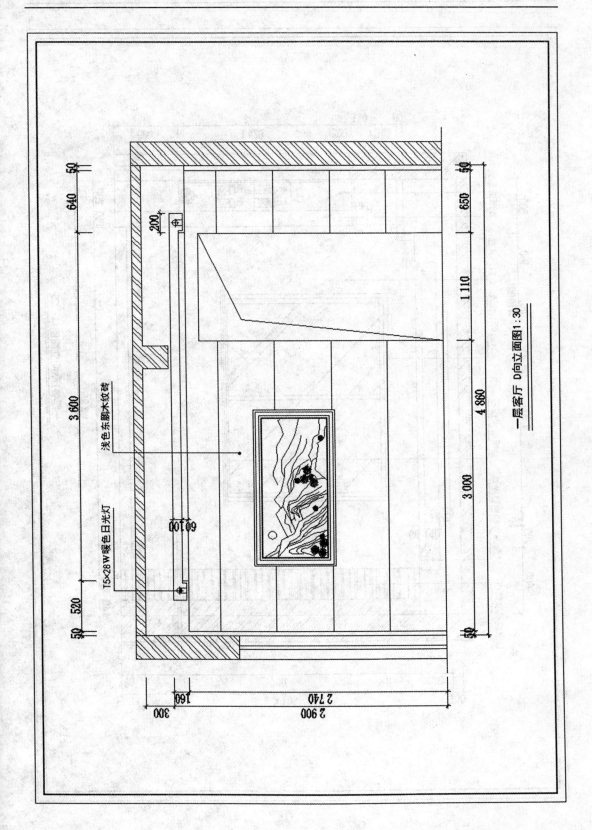

一层客厅 D向立面图1:30

浅色东鹏木纹砖

T5×28W暖色日光灯

200

3 600

520

640

50

50

50

650

1 110

4 860

3 000

50

60100

3 000

2 740

160

2 900

300

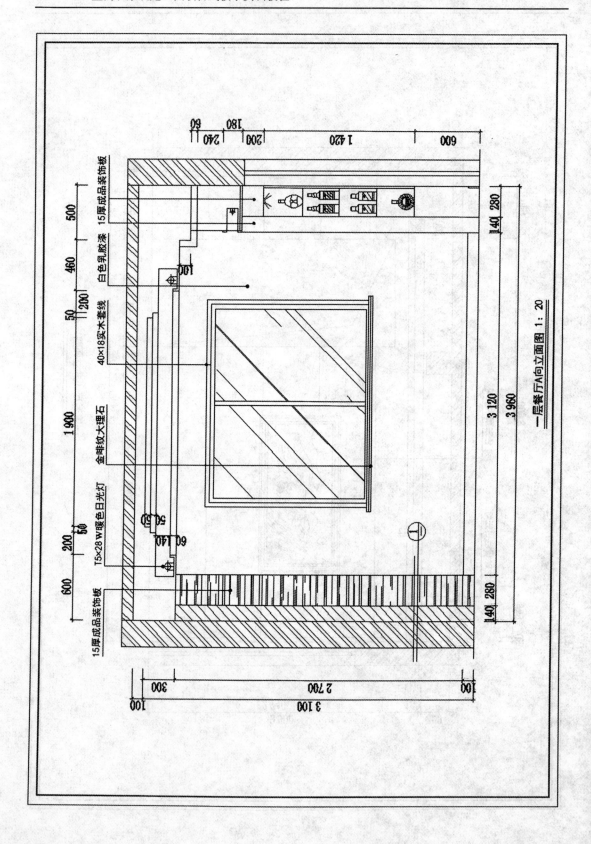

一层餐厅A向立面图 1：20

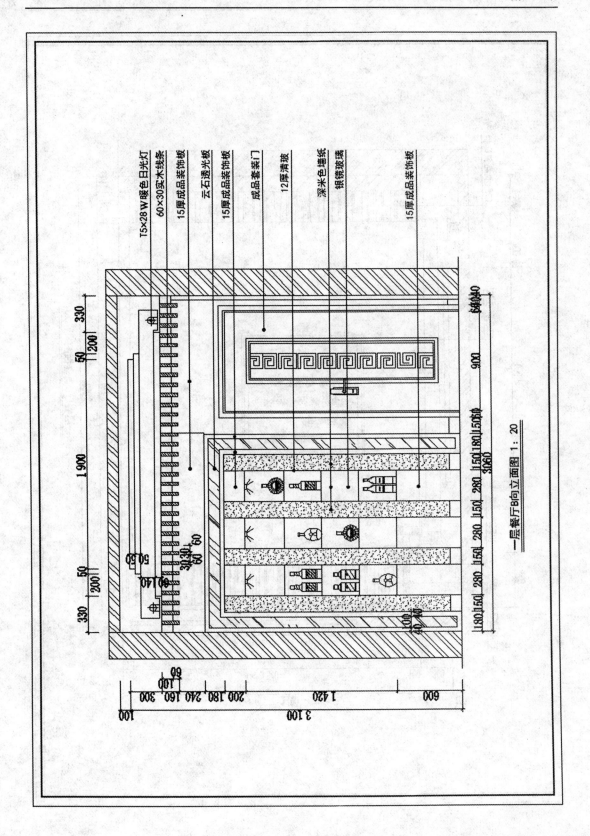

一层餐厅B向立面图 1：20

T5×28W暖色日光灯
60×30实木线条
15厚成品装饰板
云石透光板
15厚成品装饰板
成品套装门
12厚清玻
深米色墙纸
银镜玻璃
15厚成品装饰板

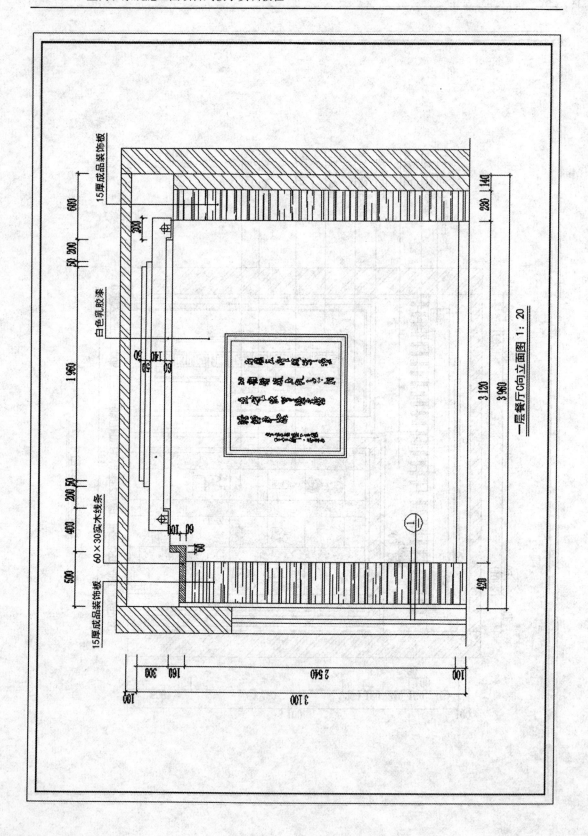

一层餐厅C向立面图 1:20

一层餐厅D向立面图 1：20

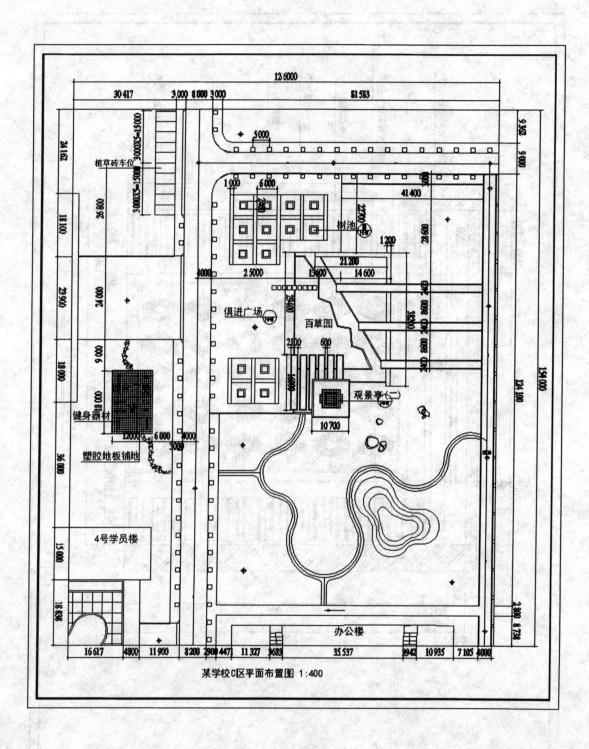

某学校C区平面布置图 1:400

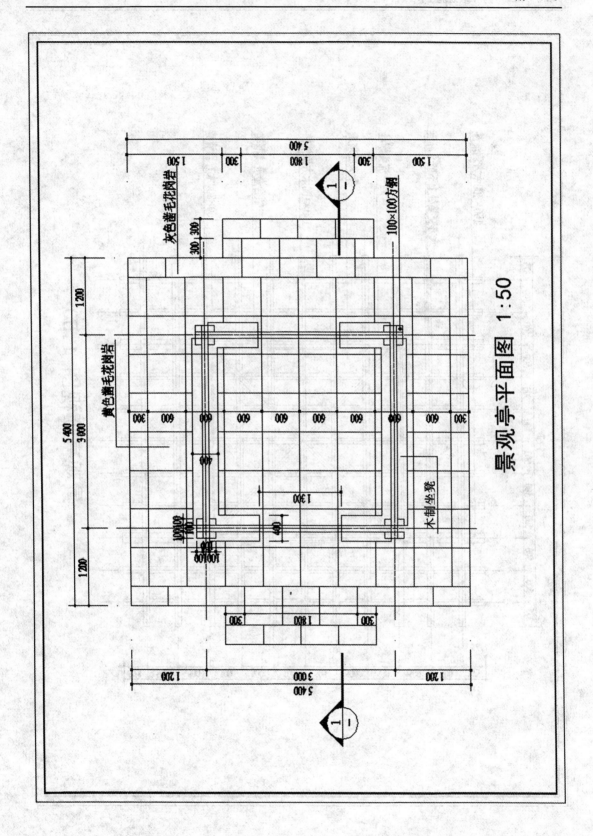

景观亭平面图 1:50

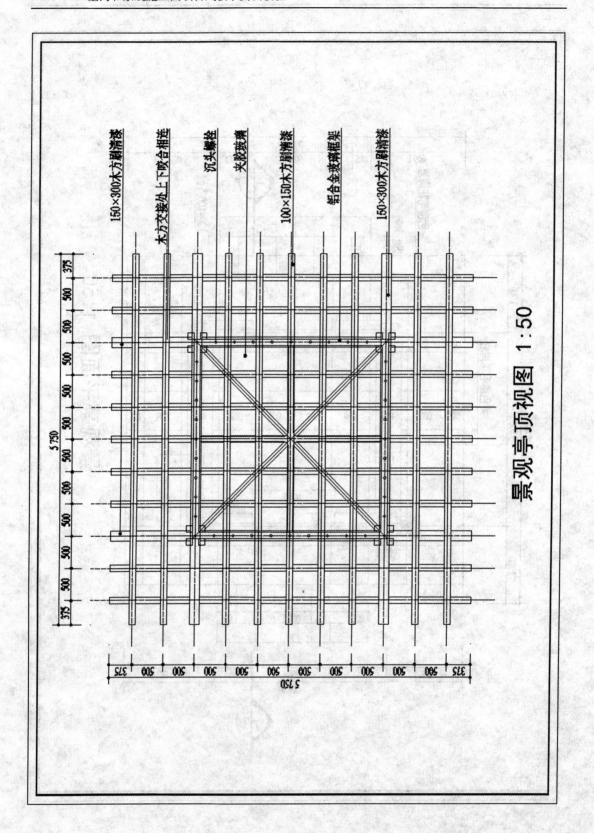

景观亭顶视图 1:50

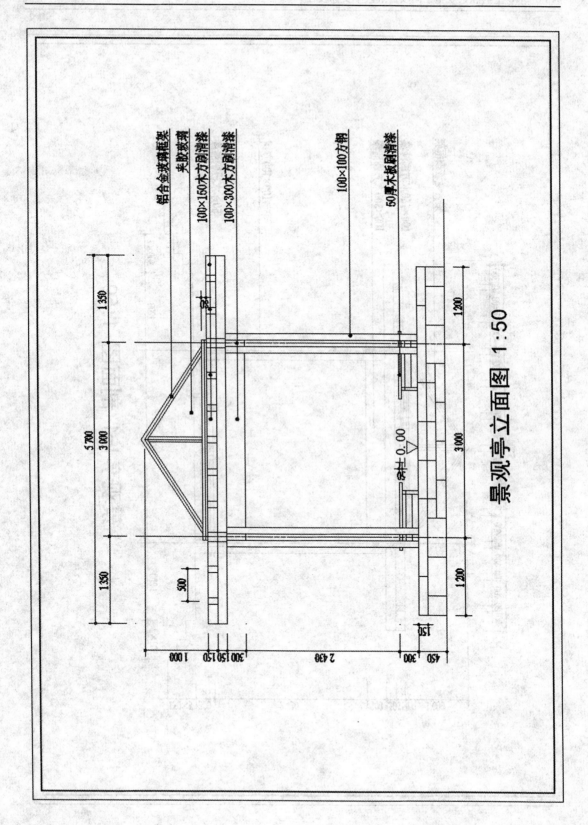

铝合金玻璃框架
夹胶玻璃
100×150木方刷清漆
100×300木方刷清漆

100×100方钢

50厚木板刷清漆

景观亭立面图 1:50

建±0.00

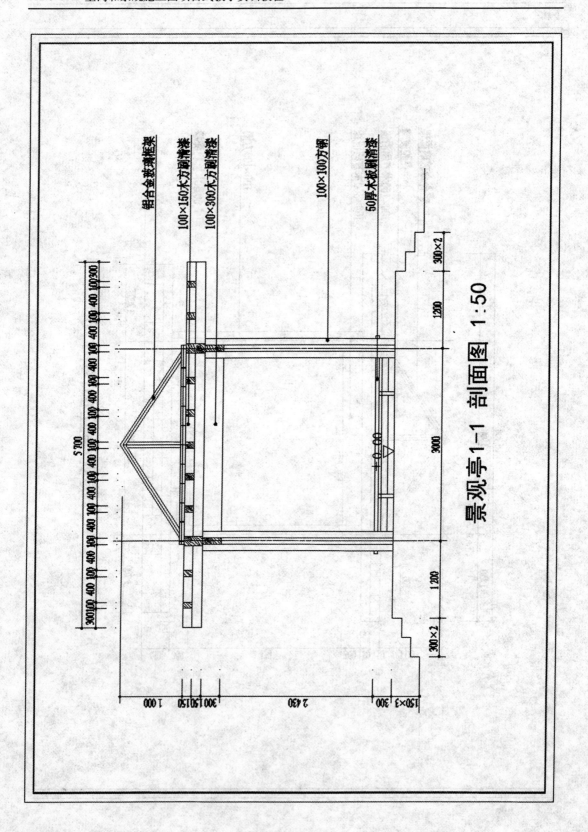

景观亭1-1 剖面图 1:50